디지털 회로 실습

백 승 수 저

오성미디어

머 리 말

디지털 기술은 자동화분야에서는 필수적으로 학습하고 이해를 해야 하는 중요한 부분이 되었다. 특히 자동화 기계, 자동차, 자동화 생산시설, 메카트로닉스 장치 등에 사용되는 각종 자동화관련 부분, 제어부분, 센서부분을 이해하기 위해서는 디지털 기술은 필수적으로 익혀야 하는 기술이 되었다.

이 책은 전문적으로 전자공학을 전공하는 학생보다는 기계와 관련되어 디지털기술을 이해해야 하는 학과 학생들의 실습과 이해에 초점이 맞춰져있다. 가능한 기본적이고 복잡한 이론은 생략하고 간단하게 정리 했으며 꼭 실습을 해서 경험해야 할 부분들에 대해서만 실습으로 구성하였다.

그리고 이해 가능한 간단한 회로를 선택해서 실습을 하도록 구성하여 학생들이 실습을 어려워하지 않도록 배치하였다. 납땜과 브레드보드 사용법, 테스터 사용법, 오실로스코프 사용법 등을 함께 구성했기 때문에 기초 디지털회로 실습으로 사용하기에 부족함이 없도록 하였다. 이 책을 사용해서 디지털 회로에 대한 이해가 한층 더 진전되었으면 한다.

목 차

1장 디지털 회로 1

2장 기본게이트 23

3장 인코더/디코더 35

4장 멀티플렉스/디멀티플렉스 55

5장 가산기/감산기

저항 값 읽기 65

6장 펄스발생회로/채터링 79

7장 D/RS/JK/T 플립플롭 91

8장 레지스터/카운터 105

9장 AD/DA 변환 119

10장 반도체 메모리

LED 저항계산 135

11장 트랜지스터 145

12장 납땜 165

13장 테스터/브레드보드 사용법 173

14장 오실로스코프 사용법 191

1

디지털 회로

Digital Circuit Practice

1. 디지털 신호

아나로그 신호 : 전압, 전류, 소리, 온도 등과 같이 크기가 시간의 경과에 따라 연속적으로 변하는 신호.

디지털 신호 : 정보로서의 의미를 가지는 상태가 (있다, 없다), (5V, 0V), (1, 0), (H, L)과 같이 중간 상태는 없고 2종류의 상태로 표현하는 신호.

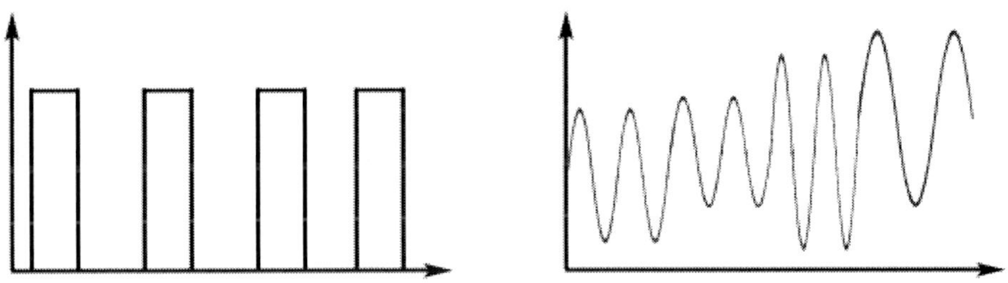

2. 정보의 표현

일상적으로 사용하는 10진수와는 달리 컴퓨터를 포함한 디지털시스템에서는 2진수를 사용하여 정보를 표현한다. 따라서 10진수와 2진수의 변환과 16진수 등에 대해서도 이해할 필요가 있다.

2.1 진수변환

10진수(Decimal) : 0 ~ 9, 10개의 기호를 이용해서 표현한다.
2진수(Binary) : 0, 1, 두 개의 기호를 이용해서 표현한다.

다음은 10진수와 2진수를 표현하는 방법이다.

10진수 125 = $1 \times 10^2 + 2 \times 10^1 + 5 \times 10^0$
2진수 1010 = $1 \times 2^3 + 0 \times 2^2 + 1 \times 2^1 + 0 \times 2^0$

■ 10진수를 2진수로 변환하는 방법
37 = 1 0 0 1 0 1

2	37		
2	18	------	나머지 1
2	9	------	나머지 0
2	4	------	나머지 1
2	2	------	나머지 0
2	1	------	나머지 0
	0	------	나머지 1

16진수 표현 : 0 ~ 9, A(10), B(11), C(12), D(13), E(14), F(15), 16개의 기호를 이용해서 표현한다.

16진수 20D = $2 \times 16^2 + 0 \times 16^1 + 13 \times 10^0 = 525$
10진수 525 = 20D

16	525		
16	32	------	나머지 13(D)
	2	------	나머지 0

다음 각각의 값을 변환하시오.

구 분	변환	
10진수 → 2진수	13	
	254	
10진수 → 16진수	177	
	73	

2.2. 진수의 변환

■ 2진수와 16진수의 변환

16진수 7A3을 2진수로 변환하면 0111 1010 0011 이 된다.

7	A	3
⬇	⬇	⬇
0111	1010	0011

2진수 110010010111을 16진수로 변환하면 C97이 된다.

1100	1001	0111
⬇	⬇	⬇
C	9	7

다음 각각의 값을 변환하시오.

구 분	변환		십진수 값
2진수 → 16진수	10101011		
	01011001		
16진수 → 2진수	2F3		
	0A7		

3. 2진수의 연산

3.1 2진수의 연산

2진수의 연산은 10진수의 연산과 같은 방법으로 실행된다.

덧셈	뺄셈
0 + 0 = 0	0 - 0 = 0
0 + 1 = 1	1 - 0 = 1
1 + 0 = 1	1 - 1 = 0
1 + 1 = 10	10 - 1 = 1

다음은 2진수의 연산을 예로 나타내었다. 비어 있는 부분은 계산을 해서 입력하시오.

1101010	1 0 0 1 1 0 0 1	10010011	1 0 0 1 1 0 0 1 1
+ 10011	+ 1 0 0 1 0 0 1	- 1001110	- 1 0 0 1 1 0
1111101		1000101	

3.2 보수의 개념과 음수

디지털시스템에서 연산에서 보수와 음수가 빈번하게 사용된다. 다음의 그림처럼 각각의 자리를 비트(Bit : Binary Digit)라고 하고 8개의 비트를 바이트(Byte)라고 한다.

그리고 제일 왼쪽 비트를 MSB(Most Significant Bit), 제일 오른쪽 비트를 LSB(Least Significant Bit)라고 한다.

2^7	2^6	2^5	2^4	2^3	2^2	2^1	2^0		2진수
MSB							LSB		
0									양수
부호									

1									음수

8개의 비트를 사용해서 양수와 음수를 모두 표현하려면 MSB를 기호 비트로 사용해서 0일 때는 양수, 1일 때는 음수로 규정을 해서 사용한다.

0	1	1	1	1	1	0	1		+125

1	1	1	0	0	0	1	0		-98

따라서, MSB가 부호비트이니까 표현 가능한 범위는 다음과 같다.

구 분		8 비트 표현	범위	
8비트 사용		0 0 0 0 0 0 0 0 ~ 1 1 1 1 1 1 1 1	0 ~ 255	256(2^8)
부호 비트 사용	양수	0 0 0 0 0 0 0 ~ 1 1 1 1 1 1 1	0 ~ 127	-127 ~ 127
	음수	0 0 0 0 0 0 0 ~ 1 1 1 1 1 1 1	-127 ~ 0	

다음의 값은 각각 얼마인가 ?

1	0	1	0	1	1	0	1		

0	1	1	0	0	1	0	1		

■ 1의 보수(1's complement form) 표현방법

1의 보수는 11111111에서 주어진 값을 빼어야한다. 이것은 각각의 비트를 반전(1 → 0, 1 → 0)시킨 결과와 같다. 즉, 11001100의 1의 보수는 00110011 이 된다.

-14와 같은 음수를 1의 보수로 표현할 때는 먼저 +14인 00001110을 1의 보수로 만들면 1110001이 된다. 그리고 MSB에 음수부호를 붙이면 -14의 1의보수 11110001 이된다.

1	0	0	0	1	1	1	0	-14
0	0	0	0	1	1	1	0	+14
0	1	1	1	0	0	0	1	+14 1의보수
1	1	1	1	0	0	0	1	-14 1의보수

■ 2의 보수(2's complement form) 표현방법

디지털시스템에서 일반적으로 음수를 표현하기 위한방법이다. 2의 보수는 10000000에서 주어진 값을 빼어야 한다. 이것은 각각의 비트를 반전(1 → 0, 1 → 0)시킨 결과에서 1을 더한 것과 같다. 즉, 11001100의 2의 보수는 1의보수를 만든 값 00110011에서 1을 더하면 00110100 된다.

-14와 같은 음수를 2의 보수로 표현할 때는 먼저 +14인 00001110을 1의 보수로 만들면 1110001이 된다. 그리고 1을 더하면 1110010이된다. 여기에 MSB에 음수부호를 붙이면 -14의 2의 보수 11110010 이 된다.

1	0	0	0	1	1	1	0	-14

0	0	0	0	1	1	1	0	+14
0	1	1	1	0	0	0	1	+14 1의보수
0	1	1	1	0	0	1	0	+14 2의보수
1	1	1	1	0	0	1	0	-14 2의보수

다음 -25를 8비트 2의 보수표현으로 만드시오.

								-25
								+25
								+25 1의보수
								+25 2의보수
								-25 2의보수

3.3 보수를 이용한 연산

2의 보수를 사용하여 연산을 하는 것이 회로의 측면에서 유리하기 때문에 일반적으로 2의보수가 사용된다.

■ 덧셈의 경우

	14	00001110			-14	11110010 2의 보수
+	-5	11111011 2의 보수		+	5	00000101
	9	1 00001001			-9	1 1110111 2의 보수
						0001001

	-14	11110010 2의 보수			-14	11110010 2의 보수
+	-5	11111011 2의 보수		+	14	00001110
	-19	1 11101101			0	1 00000000
		00010011 2의 보수				

예제에서 음수의 연산은 모두 2의 보수로 변환하여 계산한다.
부호 비트도 연산에 포함하여 계산한다.
결과가 음수일 경우 부호비트를 제외한 값을 다시 2의 보수를 취하면 된다.

■ 뺄셈의 경우

14 - 5와 같은 뺄셈의 경우는 14 + (- 5)와 같은 방법으로 계산하면 된다. 즉 5를 2의 보수를 구하면 그 값이 5의 음수 값이 되기 때문에 더하기하면 된다. 14 + (5의 2의 보수)를 계산하면 되는 것이다. 위의 예에서 첫 번째 내용을 참조하면 된다.

4. 디지털코드

4.1 BCD 코드

BCD(Binary coded decimal) 코드는 0 ~ 9까지의 10진 숫자를 2진수로 표현하는 코드이다. 다음의 표를 참조한다.

10진수	BCD코드	10진수	BCD코드
	2^3 2^2 2^1 2^0		2^3 2^2 2^1 2^0

0	0 0 0 0	5	0 1 0 1
1	0 0 0 1	6	0 1 1 0
2	0 0 1 0	7	0 1 1 1
3	0 0 1 1	8	1 0 0 0
4	0 1 0 0	9	1 0 0 1

다음의 예제를 작성하시오.

10진수	2진수	BCD
234	11101010	0010 0011 0100
37	100101	0011 0111
27		
123		

다음은 BCD 연산을 나타낸 것이다.

10진 연산	BCD 연산	
26	0010 0110	
+ 33	0011 0011	
59	0101 1001	59

10진 연산	BCD 연산	
28	0010 1000	
+ 37	0011 0111	
65	0101 1111	BCD수가 아님
	+ 0110	6을 더한다
	0110 0101	65

10진 연산	BCD 연산
36	0 0 1 1 0 1 1 0
+ 29	
65	

4.2 패리티 비트(Parity Bit)

문자코드내의 비트 중에서 1의 개수를 홀수 혹은 짝수개가 되도록 코드를 추가로 붙이는 비트를 패리티 비트라고 한다. 코드를 송수신하는 경우 코드의 오류를 검사하기 위해 사용하는 것으로 짝수 패리티 비트를 사용하여 전송되는 코드를 검증한다면 다음과 같이 문자 코드내에 1의 개수가 짝수 개 이면 0, 홀수 개 이면 1을 패리티 비트로 추가한다.

문자	ASCII 코드	짝수	P+코드	전송	수신	1의개수	검사
A	1000001	0	01000001	➡	01010001	3	오류
7	0110111	1	10110111	➡	10110111	6	정상

4.3 2진문자 코드

■ ASCII(American Standard Association) 코드

아스키코드는 컴퓨터에서 사용되는 문자 A~Z, a~z 등의 영문자와 !, # 등의 특수문자, 0 ~ 9 등의 숫자를 표현할 때 사용된다.

ASCII	2진수	10진수	16진수	ASCII	2진수	10진수	16진수
NULL	0000000	0	0×00	SP	0100000	32	0×20
SOH	0000001	1	0×01	!	0100001	33	0×21
STX	0000010	2	0×02	"	0100010	34	0×22
ETX	0000011	3	0×03	#	0100011	35	0×23
EOT	0000100	4	0×04	$	0100100	36	0×24
ENQ	0000101	5	0×05	%	0100101	37	0×25
ACK	0000110	6	0×06	&	0100110	38	0×26
BEL	0000111	7	0×07	'	0100111	39	0×27
BS	0001000	8	0×08	(	0101000	40	0×28
HT	0001001	9	0×09	)	0101001	41	0×29
LF	0001010	10	0×0A	*	0101010	42	0×2A

VT	0001011	11	0×0B	+	0101011	43	0×2B
FF	0001100	12	0×0C	'	0101100	44	0×2C
CR	0001101	13	0×0D	-	0101101	45	0×2D
SO	0001110	14	0×0E	.	0101110	46	0×2E
SI	0001111	15	0×0F	/	0101111	47	0×2F
DLE	0010000	16	0×10	0	0110000	48	0×30
DC1	0010001	17	0×11	1	0110001	49	0×31
SC2	0010010	18	0×12	2	0110010	50	0×32
SC3	0010011	19	0×13	3	0110011	51	0×33
SC4	0010100	20	0×14	4	0110100	52	0×34
NAK	0010101	21	0×15	5	0110101	53	0×35
SYN	0010110	22	0×16	6	0110110	54	0×36
ETB	0010111	23	0×17	7	0110111	55	0×37
CAN	0011000	24	0×18	8	0111000	56	0×38
EM	0011001	25	0×19	9	0111001	57	0×39
SUB	0011010	26	0×1A	:	0111010	58	0×3A
ESC	0011011	27	0×1B		0111011	59	0×3B
FS	0011100	28	0×1C	<	0111100	60	0×3C
GS	0011101	29	0×1D	=	0111101	61	0×3D
RS	0011110	30	0×1E	>	0111110	62	0×3E
US	0011111	31	0×1F	?	0111111	63	0×3F

ASCII	2진수	10진수	16진수	ASCII	2진수	10진수	16진수
@	1000000	64	0×40	.	1100000	96	0×60
A	1000001	65	0×41	a	1100001	97	0×61
B	1000010	66	0×42	b	1100010	98	0×62
C	1000011	67	0×43	c	1100011	99	0×63
D	1000100	68	0×44	d	1100100	100	0×64
E	1000101	69	0×45	e	1100101	101	0×65
F	1000110	70	0×46	f	1100110	102	0×66
G	1000111	71	0×47	g	1100111	103	0×67

H	1001000	72	0×48	h	1101000	104	0×68
I	1001001	73	0×49	i	1101001	105	0×69
J	1001010	74	0×4A	j	1101010	106	0×6A
K	1001011	75	0×4B	k	1101011	107	0×6B
L	1001100	76	0×4C	l	1101100	108	0×6C
M	1001101	77	0×4D	m	1101101	109	0×6D
N	1001110	78	0×4E	n	1101110	110	0×6E
O	1001111	79	0×4F	o	1101111	111	0×6F
P	1010000	80	0×50	p	1110000	112	0×70
Q	1010001	81	0×51	q	1110001	113	0×71
R	1010010	82	0×52	r	1110010	114	0×72
S	1010011	83	0×53	s	1110011	115	0×73
T	1010100	84	0×54	t	1110100	116	0×74
U	1010101	85	0×55	u	1110101	117	0×75
V	1010110	86	0×56	v	1110110	118	0×76
W	1010111	87	0×57	w	1110111	119	0×77
X	1011000	88	0×58	x	1111000	120	0×78
Y	1011001	89	0×59	y	1111001	121	0×79
Z	1011010	90	0×5A	z	1111010	122	0×7A
[	1011011	91	0×5B	{	1111011	123	0×7B
\	1011100	92	0×5C	|	1111100	124	0×7C
]	1011101	93	0×5D	}	1111101	125	0×7D
^	1011110	94	0×5E	~	1111110	126	0×7E
_	1011111	95	0×5F		1111111	127	0×7F

5. 디지털 IC

5.1 TTL IC(Transistor and Transistor Logic)

트랜지스터만으로 구성되어 있는 IC를 말한다. 구조는 다음과 같다.

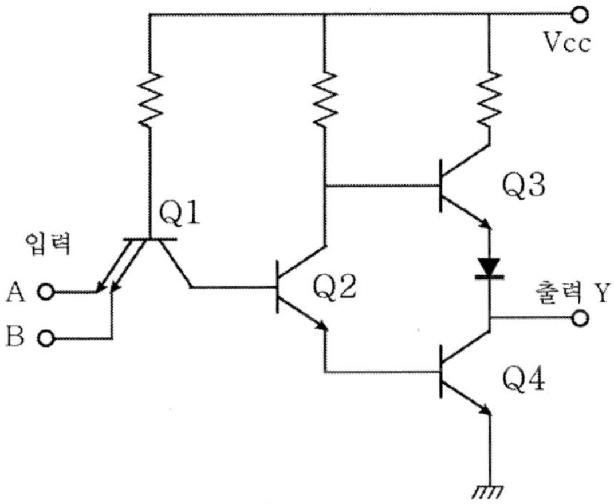

TTL NAND게이트 회로

(1) TTL NAND 게이트 회로의 동작

입력의 A, B 중에서 어느 한쪽이 0이라면

① Q1은 ON되어 Q2의 전위가 낮아지게 된다.

② Q2는 OFF 되고 Q3의 베이스 전위가 높아져 Q3는 ON 된다

③ Q4는 OFF 되어 출력이 1(5V)이 된다.

입력의 A, B 둘 다 1(5V)이라면

① Q1의 베이스 전류가 흐르지 못해서 OFF된다.

② Q2의 베이스 전위가 높아져 Q2는 ON된다.

③ Q3의 베이스 전위가 낮아져 Q3는 OFF되고 Q4는 ON 된다.

④ 따라서 출력은 0(0V)가 된다.

(2) TTL IC의 종류

다음은 표준 TTL IC를 전력소모를 적게 하거나 고속 동작을 하도록 하는 등 다양한 사용목적에 따라 여러 종류의 TTL IC를 나타낸 것이다.

용 도	형 명	기 능
저저력용	L TTL	저항값의 변경으로 소비전력을 줄인다.
고속용	H TTL	저항값을 줄여서 동작속도를 빠르게 한다.
쇼트키	S TTL	포화전류 제한위해 쇼트키배리어 다이오드 사용하여 고속동작
저전력쇼트키	LS TTL	S TTL의 소비전력 개선
어드밴스트쇼트키	ALS TTL	S TTL을 개량

(3) TTL IC 읽는 방법

SN74XXX03AN		
SN	제조업체	SN: 텍사스인스투루먼터, MC:모토롤라 N:시그네틱스
74	민수용/군수용	74: 민수용, 54:군수용(ML규격)
XXX	N	표준형 TTL
	ALS	L:저전력, S:쇼트키, A:개량형
	F	고속
	HC	TTL 74시리즈와 동일한 핀, 접속 호환의 고속 CMOS
03A	형번호 표시	기능표시
N	패키지	N: 플라스틱DIP, J:세라믹DIP P:8핀DIP

(4) TTL IC의 입출력 레벨

디지털 신호는 0, 1로 표현되면 전위로는 0V, 5V로 동작된다. 그러나 실용적으로 사용되기 위한 규칙이 있으며 입력일 때의 0과 1, 출력일 때의 0과 1에 대한 전압레벨은 다음과 같다.

그리고 잡음에 대한 여유도가 필요하며 표준형 TTL IC의 경우는 다음과 같다.

1, High에 대한 잡음여유도 : $V_{OH} - V_{IH} = 0.4V$

0, Low에 대한 잡음여유도 : $V_{IL} - V_{OL} = 0.4V$

LS TTL IC는 0.7V와 0.4이다.

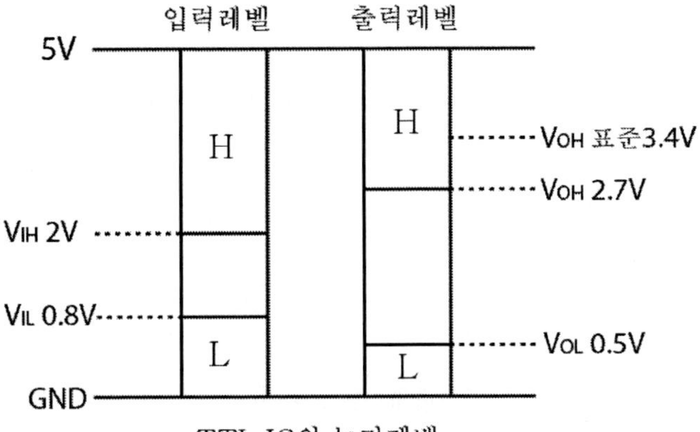

TTL IC의 논리레벨

(5) 팬아웃

팬아웃(Fanout)은 1개의 출력 핀에 몇 개의 입력 핀을 연결하여 사용할 수 있는가를 나타낸 것이다.

다음의 경우는 LS TTL의 경우를 나타낸 것으로 게이트의 출력핀이 1일때 LS TTL의 규격에 의해 최대 400uA이기 때문에 입력핀의 경우는 20uA의 유입전류가 필요하다. 결국 1개의 출력 핀으로 20개의 입력핀을 연결 할 수 있어 팬아웃은 20이 된다. 출력핀 0일 때에도 팬아웃은 20(8mA/0.4mA)이 된다.

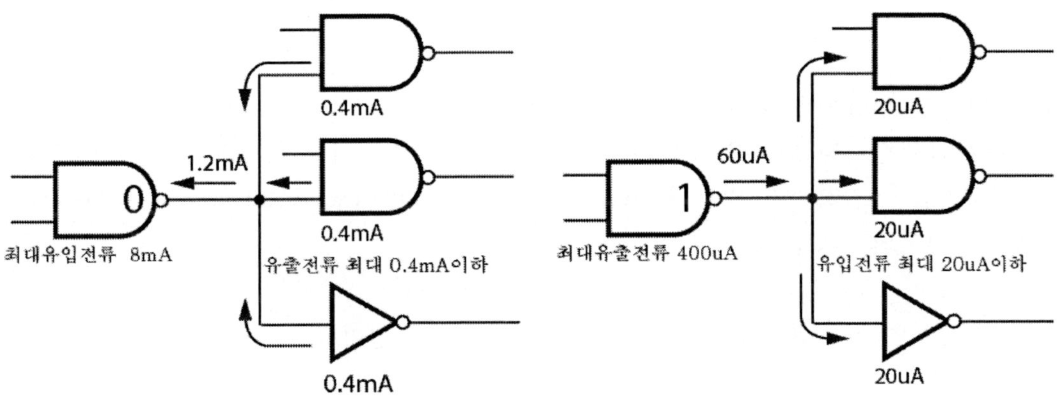

(6) 사용하지 않는 입출력 핀처리

① 동일 IC 패키지 안에 사용하지 않는 게이트의 경우 입력은 0, 1로 고정하고 출력

은 Open상태로 두는 것이 좋다.

② 1개의 게이트에서 사용하지 않는 입력 핀은 AND, NAND 일 경우는 1로 OR, NOR일 경우 0으로 접속한다.

③ 입력 핀의 경우 1로 설정한 것과 같은 효과.

(6) 오픈컬렉터

출력핀과 전원사이에 외부저항을 연결해야지만 정확하게 동작하게 만든 구조의 게이트를 Open Collector 방식이라고 한다.

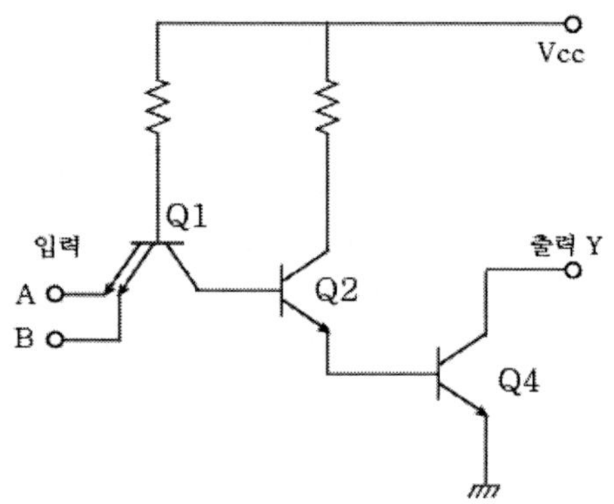

오픈컬렉터 TTL NAND게이트 회로

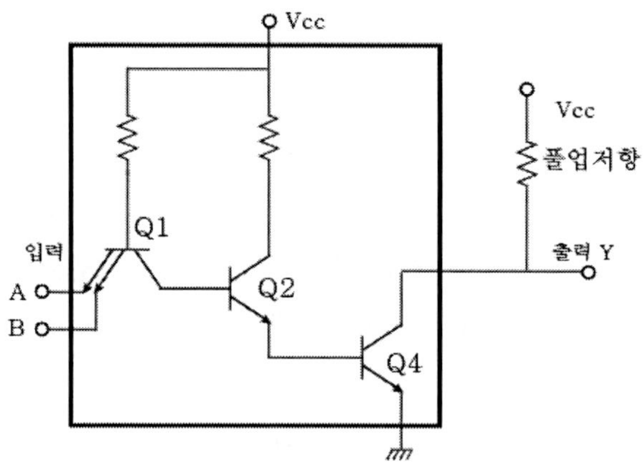

■ 와이어드 AND(Wired AND)

오픈컬렉터 방식의 NAND 게이트 출력을 복수개 연결하고 공통의 풀업저항(수 kΩ)을 다음과 같이 연결하면 별도의 AND 게이트 연결 없이도 AND 동작이 이루어진다. 이것을 와이어드 AND라고 한다.

Y = Y1 Y2 Y3 = $\overline{AB}\ \overline{CD}\ \overline{EF}$ 가되고 드모르간의 정리를 이용하면

Y = $\overline{AB + CD + EF}$ 로 정리할 수 있다.

이것은 AB, CD, EF를 OR 게이트로 묶은 뒤 인버터를 한 형태가 된다. 그래서 이러한 OR 동작 때문에 와이어드 OR라고도 한다.

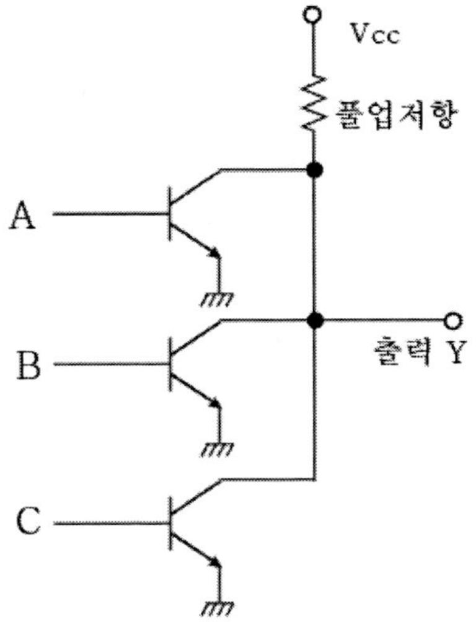

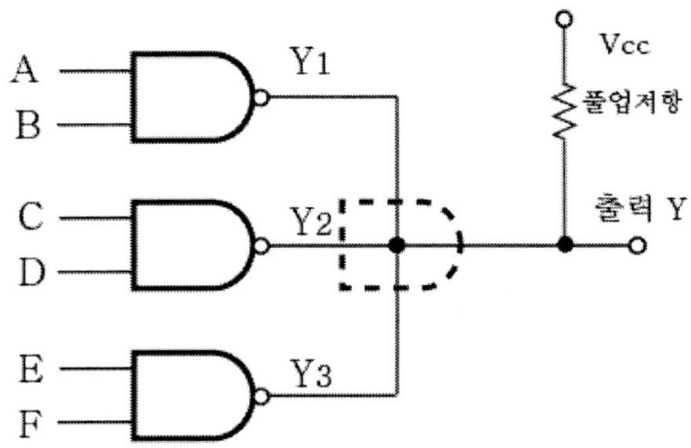

이러한 오픈컬렉터 방식의 IC는 다음과 같다.

기 능	오픈컬렉터 TTL IC
AND	74LS09, 74LS15
NAND	74LS01, 74LS03, 74LS12, 74LS22
NOR	74LS33
인버터	74LS05, 74LS06, 74LS16
버퍼	74LS07, 74LS17

5.2 CMOS IC

CMOS IC(Complementary, 상보형 MOS)는 동작속도가 느리고 출력 전류가 적은 등의 단점이 있으나 소비전력이 적은 장점이 있다. 이후 개량되어 고속 동작을 하는 CMOS IC가 많이 나와 사용되고 있다. 일반적으로 CD4000 시리즈, MC14500 시리즈가 사용되고 있다.

(1) CMOS의 구조

Q1, Q2는 P-MOS FET, Q3, Q4는 N-MOS FET로 동작하고 소비전력이 매우적은 특성을 가지고 있다.

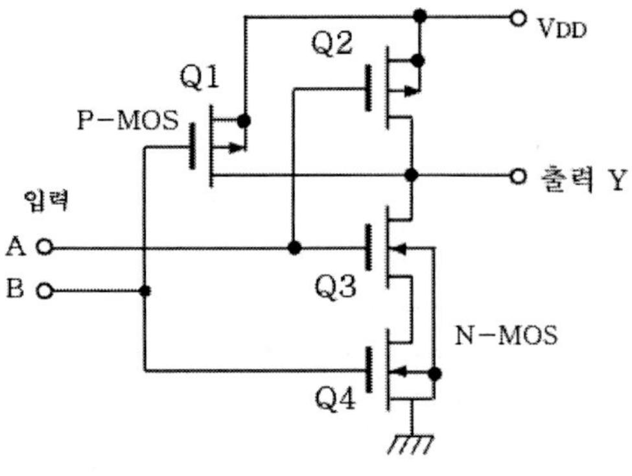

CMOS NAND게이트 회로

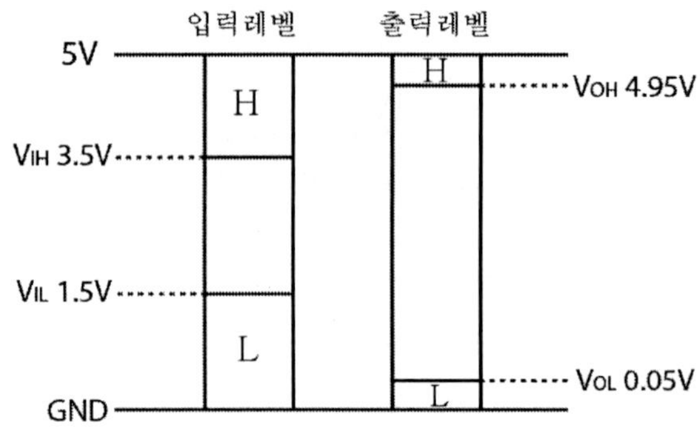

CMOS IC의 논리레벨

(2) CMOS IC 읽는 방법

MC14069UBCP		
MC	M	MC14000 시리즈
14069	민수용/군수용	74: 민수용, 54:군수용(ML규격)
UB	형번호 표시	기능표시
CP	패키지	CP/VP: 플라스틱 패키지, AL/CL:세라믹 패키지

(3) CMOS IC의 입출력 레벨

CMOS의 전원은 시리즈 마다 다르다. 4000B/4500B 시리즈는 3 ~ 18V를 사용한다. 따라서 입출력 레벨이 TTL과는 다른 특성을 가지고 있다.

출력 논리 레벨이 1일 때는 전원 전압(VDD)에 가깝게, 0일 때는 GND에 가깝게 출력되어 그림에서와 같이 잡음 여유도가 매우커서 TTL IC에 비해 잡음에 강하다.

(4) 팬아웃

CMOS의 입력핀은 거의 전류가 흐르지 않기 때문에 이론적으로 출력핀에 연결할 수 있는 입력 게이트의 개수가 무한대이지만 각 입력핀에 존재하는 정전 용량 때문에 한계가 있어 약 50개 정도가 된다.

(5) 사용하지 않는 입출력 핀처리

① 동일 IC 패키지 안에 사용하지 않는 게이트의 경우 입력은 0, 1로 고정하는 것이 좋다.
② CMOS의 입력핀은 반드시 1, 혹은 0으로 묶어두어야 한다. Open 상태로 두면 안 됨.
③ 가능한 입력핀은 1, 0으로 고정해두고 출력핀은 그대로 두어도 된다.

(6) C-MOS IC의 취급

C-MOS의 입력 저항이 매우 높기 때문에 전류가 거의 흐르지는 않지만 5 ~ 7pF 정도의 정전용량이 있어 적은 양의 전하로도 고전압이 되어 C-MOS IC가 파괴될 수 가 있다.

입력핀에 전하가 축적되지 않도록 알미늄 박으로 싸거나 도전 스펀지에 삽입해야한다.

5.3 TTL IC 출력을 CMOS IC입력으로 연결할 때

TTL IC중에서 CMOS 구조를 가지는 74HC 시리즈는 TTL IC와 직접 연결이 가능하다. 그러나 그 외의 CMOS IC는 전원 전압이 3 ~ 18V를 사용하기 때문에 전압차이가 발생한다.

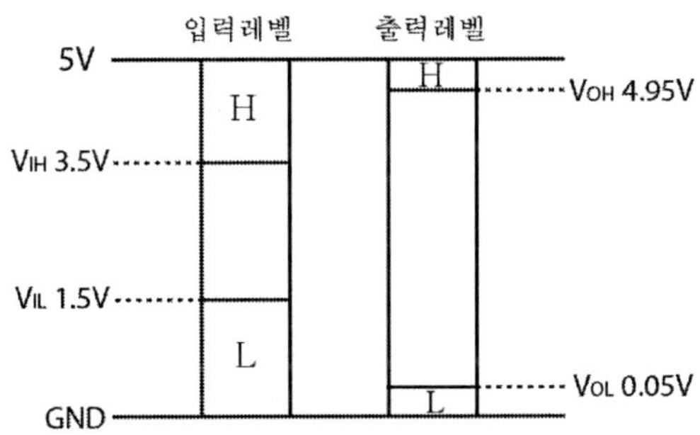

CMOS IC의 논리레벨

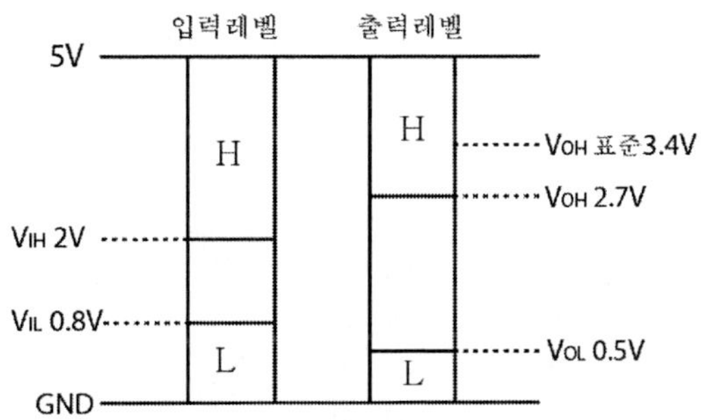

TTL IC의 논리레벨

① TTL의 출력을 CMOS의 입력으로 연결

TTL의 출력이 1일 때 전압레벨 최저값 V_{OH}는 2.7V이고 CMOS의 입력이 H로 인식되려면 최저 전압 V_{IH} 3.5V이다. 따라서 3.5V - 2.7V = 0.8V의 전압 차가 발생한다. 이를 보상해주어야 정상적으로 H로 인식할 것이다.

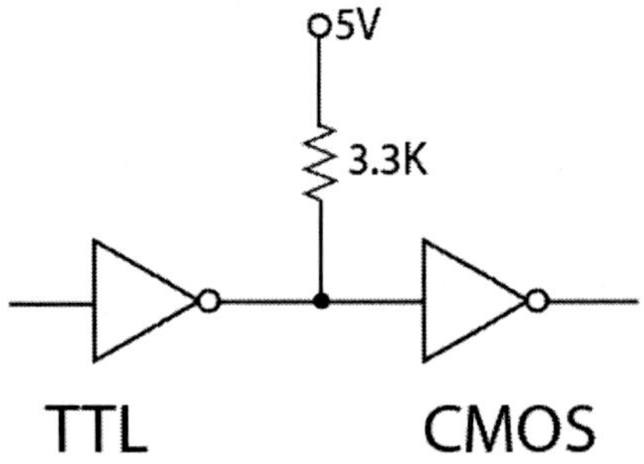

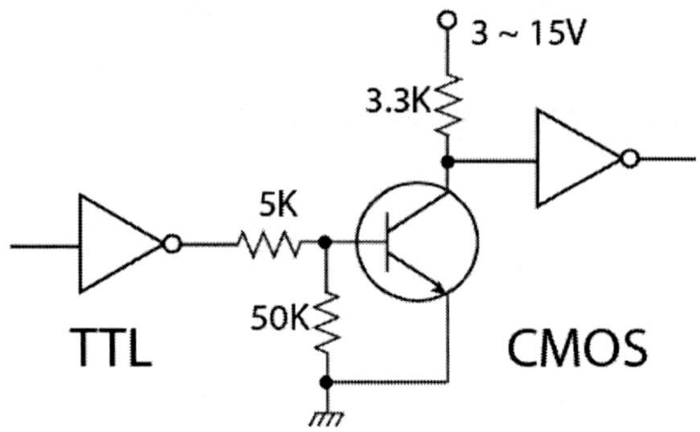

CMOS 전원이 5V 일 때는 풀업저항을 연결하여 전압 레벨의 맞추고 5V 이상 일 때는 입력 레벨 차이가 커서 트랜지스터나 버퍼를 사용하여 접속한다.

② CMOS IC 출력을 TTL IC입력으로 연결

CMOS 전원전압이 5V일 때는 입출력 레벨을 만족하기 때문에 바로 연결 하면 된다. 그러나 CMOS의 출력 전류가 매우 적어 TTL을 구동하기 위해서는 CMOS 버퍼를 연결하여 TTL에 연결한다.

CMOS 전원전압이 5V 이상일 때는 트랜지스터와 저항을 사용하여 전압을 분할하여 TTL IC의 입력 레벨을 맞춘다.

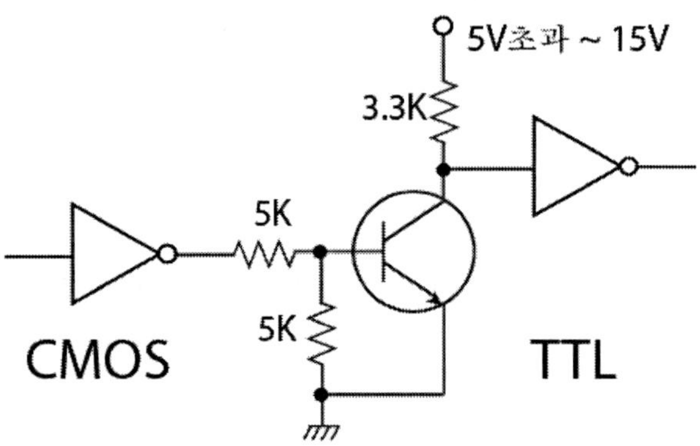

2

기본게이트

Digital Circuit Practice

1. 기본 논리회로 실습

[실습목적]

AND, OR, NOT, NOR, NAND 게이트를 실습을 통해서 구성하고 확인한다.

조합논리회로를 간단하게 설계해본다.

부울 대수식 및 카르노 맵을 이용하여 논리회로를 간소화 하는 것을 확인한다.

[관계지식]

1.1 NOT 게이트(인버터)

입력신호가 반전되어 출력으로 나타나는 논리 게이트를 NOT 게이트(인버터) 라고 한다.

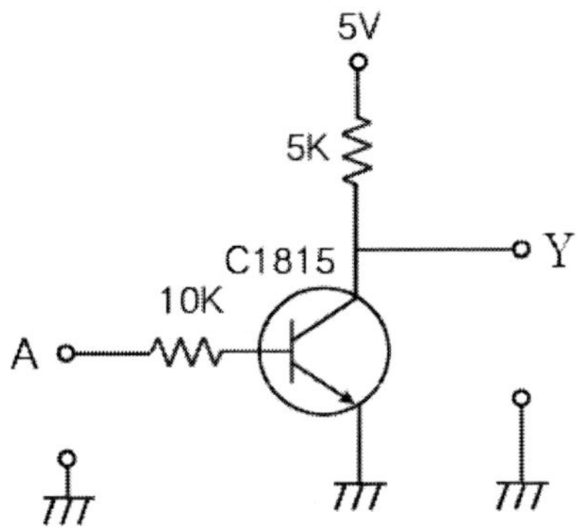

입 력	출 력
A	Y
0	1
1	0

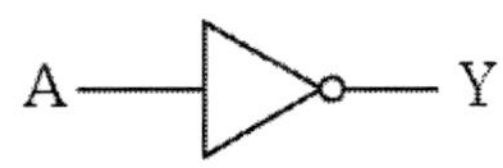

$Y = \overline{A}$

1.2 AND, NAND 게이트

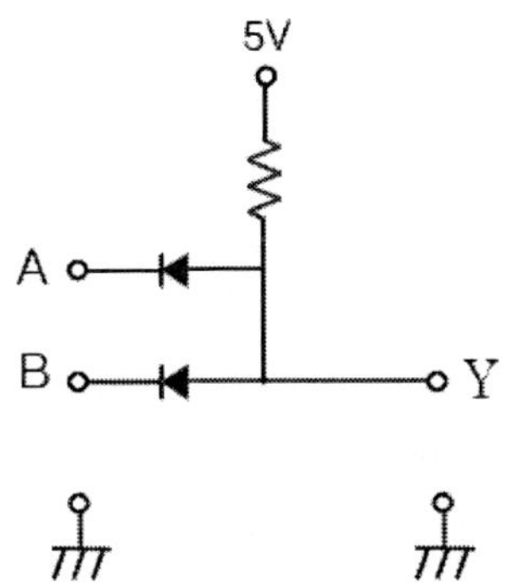

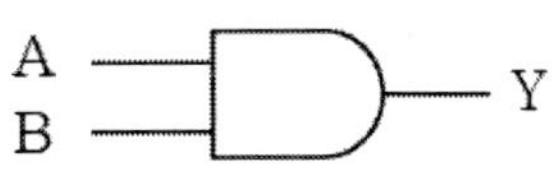

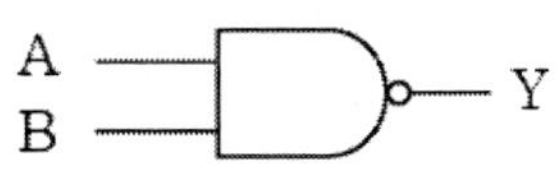

AND 게이트와 NAND 게이트의 논리 기호 및 진리표는 다음과 같다.

$Y = AB$

입 력		출 력
A	B	Y
0	0	0
0	1	0
1	0	0
1	1	1

$Y = \overline{AB}$

입 력		출 력
A	B	Y
0	0	1
0	1	1
1	0	1
1	1	0

1.3 OR, NOR 게이트

OR 게이트와 NOR 게이트의 논리 기호 및 진리표는 다음과 같다.

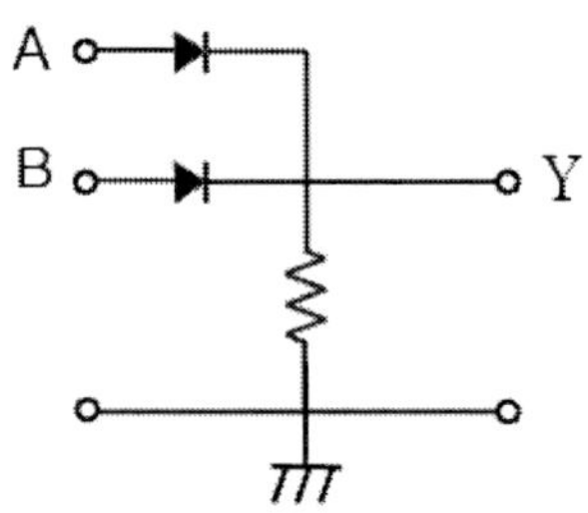

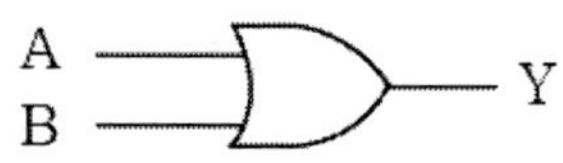

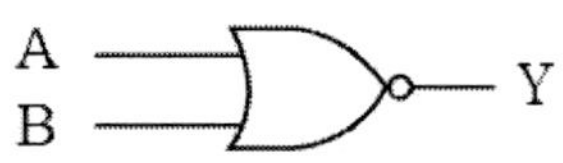

$Y = A + B$

입 력		출 력
A	B	Y
0	0	0
0	1	1
1	0	1
1	1	1

$Y = \overline{A+B}$

입 력		출 력
A	B	Y
0	0	1
0	1	0
1	0	0
1	1	0

1.4 조합 논리회로

입력되는 신호의 상태에 의해 출력이 결정되는 논리회로이며 인코드(부호기), 디코드(복호기), 멀티플렉서, 디멀티플렉서, 가산기 등등의 회로가 여기에 속한다.

다음의 조합논리회로에서 M개의 입력신호에 의해 N개의 출력신호가 나오는 조합논리회로를 설계해야하는 경우는 다음의 절차에 따라 만들면 된다.

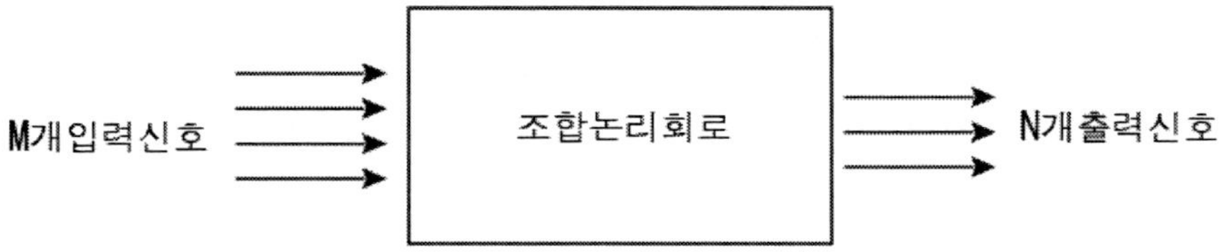

① 설계할 조합논리회로의 입력변수와 출력변수의 개수, 입출력 문자 변수를 결정한다.
② 입출력 변수간의 진리표를 작성한다.
③ 진리표로부터 카르노맵을 이용하여 그룹화 과정을 사용하여 간략화 한다.
④ 간략화된 논리식을 이용해서 조합논리회로를 만든다.

1.5 논리식 간소화

논리식을 간소화하기위한 방법으로는 부울대수를 이용하는 방법과 카르노맵을 이용하는 방법이 사용된다. 여기서는 카르노맵과 부울 대수식을 각각 이용해서 논리식을 간략히 해본다.

입 력			출 력
A	B	C	Y
0	0	0	0
0	0	1	0
0	1	0	1
0	1	1	0
1	0	0	1
1	0	1	0
1	1	0	1
1	1	1	0

3개의 입력에 의해 출력이 1 신호가 나와야하는 경우를 진리표에서 찾아서 논리식

을 작성한다. 다음 식에서 곱은 AND 게이트로 합은 OR 게이트로 연결한다는 의미이다.

$Y = \overline{A}B\overline{C} + A\overline{B}\overline{C} + AB\overline{C}$

이것을 논리회로로 그리면 다음과 같다.

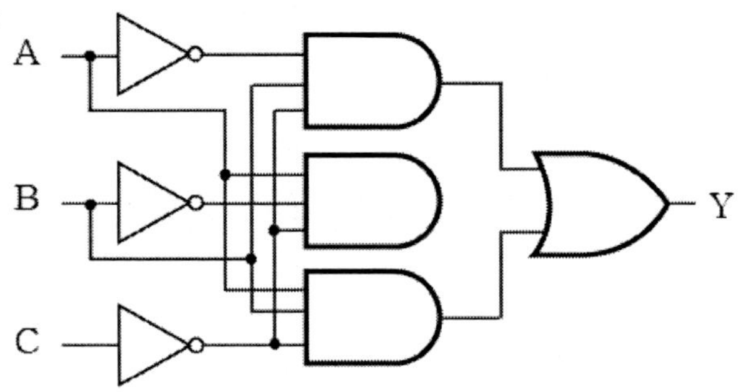

논리회로가 지나치게 복잡하게 구성되어 있다. 이것을 부울대수 식을 이용해서 간략히 하면

$Y = \overline{A}B\overline{C} + A\overline{B}\overline{C} + AB\overline{C}$

$= B\overline{C}\,(\overline{A}+A) + A\overline{C}\,(B+\overline{B})$

$= B\overline{C} + A\overline{C}$

$= \overline{C}\,(A+B)$

■ 불 대수 공식

① $x + 0 = x$	② $x \cdot 0 = 0$	③ $x + 1 = 1$
④ $x \cdot 1 = x$	⑤ $x + x = x$	⑥ $x \cdot x = x$
⑦ $x + x' = 1$	⑧ $x \cdot x' = 0$	⑨ $x+y = y+x$
⑩ $xy = yx$	⑪ $x+(y+z) = (x+y)+z$	⑫ $x(yz) = (xy)z$
⑬ $x(y+z) = xy+xz$	⑭ $x+yz = (x+y)(x+z)$	⑮ $(x+y)' = x'y'$
⑯ $(xy)' = x'+y'$	⑰ $(x')' = x$	

■ 드모간의 정리

$\overline{A+B} = \overline{A}\,\overline{B}$, $\overline{AB} = \overline{A} + \overline{B}$

부울대수 식을 이용하는 방법은 복잡하고 부울대수의 정리와 법칙을 알아야한다. 이제 카르노맵을 이용해서 간략히 해보자.

C \ AB	00	01	11	10
0	0	1	1	1
1	0	0	0	0

■ 카르노맵 사용법

① 진리표의 출력이 1인 입력 변수 조합에 대해 카르노맵의 해당 부분에 1을 입력한다.

② 인접해 있는 칸이나 줄에 1이 있다면 그룹으로 묶는다. 이때 최대한 크게 묶고 반드시 2개 이상 4개, 8개의 단위로 묶어야 한다.

③ 묶여진 변수는 제거한다.

제거된 변수를 제외한 첫 번째 묶음에서 $B\overline{C}$, 두 번째 묶음에서 $A\overline{C}$ 가 된다. 이것을 OR로 묶으면 $Y = B\overline{C} + A\overline{C}$ 으로 간략히 된다.

다음은 간략화된 논리회로이다.

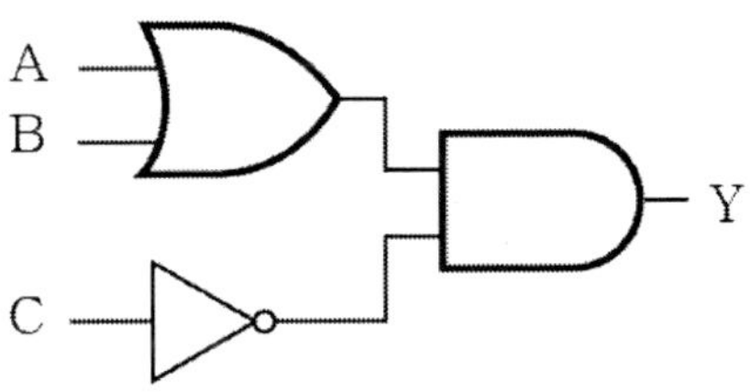

■ 카르노맵 사용 규칙

① 서로 인접한 항은 2^n개(2개,4개,8개 등)씩 묶는다.

② 상하좌우, 모서리는 인접 항으로 간주하고 묶는다.

③ 대각선 항은 묶지 않는다.

④ 두 번 이상 묶어도 가능하다.

⑤ 모든 항들을 규칙에 따라 묶는다.

⑥ 인접한 항이 없으면 그 항만 묶는다.

⑦ 가능한 크게 묶는다.

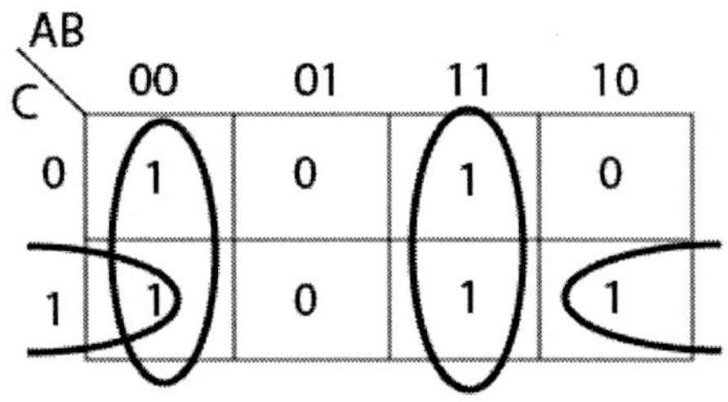

$Y = \overline{A}\,\overline{B} + AB + \overline{B}C$

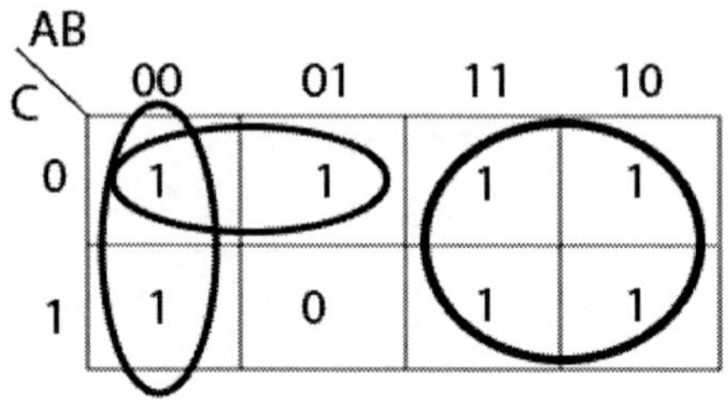

$Y = A + \overline{A}\,\overline{C} + \overline{A}\,\overline{B}$

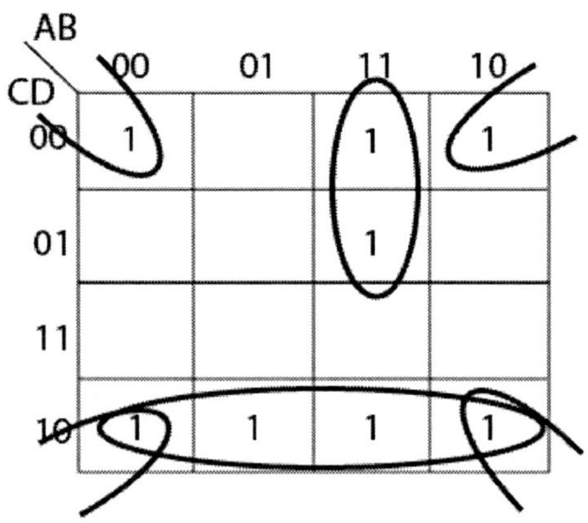

$Y = C\overline{D} + AB\overline{C} + \overline{B}\,\overline{D}$

다음의 논리식을 카르노 맵을 사용하여 간소화 하시오.

$Y = \overline{A}BC + A\overline{B}\,\overline{C} + ABC + AB\overline{C}$

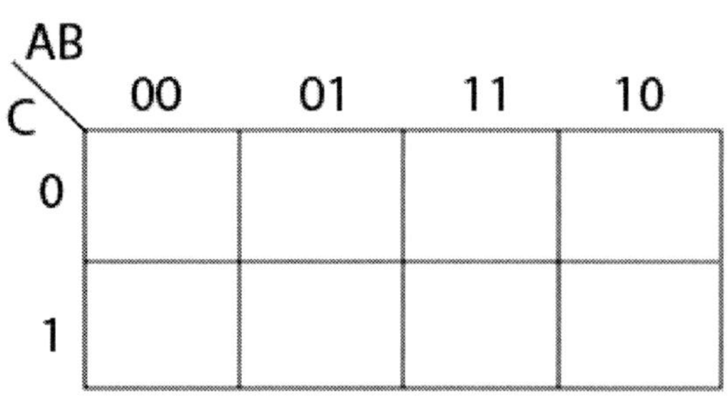

2. 실습하기

실습장비및 공구	실습재료	규격	수량
직류전원공급기	IC	74LS00	1
테스터		74LS02	1
브레드보드		74LS04	1
공구세트		74LS08	1
		74LS32	1
		74LS11	1
	LED	적색	
	저항기류	330	

1. 인버터 기능을 가지고 있는 74LS04 IC의 핀 접속도를 확인하고 1개의 게이트를 사용해서 동작실험을 하여 진리표를 완성한다.

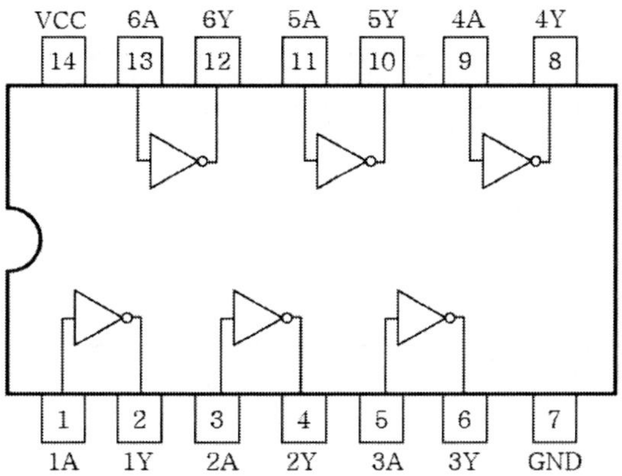

입 력	출 력
A	Y
0	
1	

2. 2입력 AND 게이트 IC 74LS08 IC의 핀 접속도를 확인하고 1개의 게이트를 사용해서 동작실험을 하여 진리표를 완성한다.

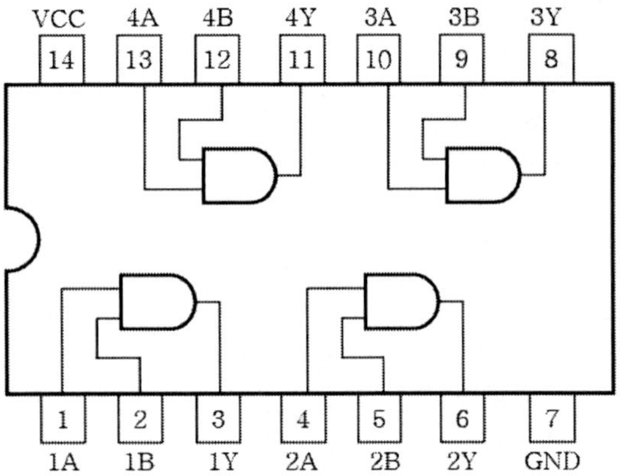

입 력		출 력
A	B	Y
0	0	
0	1	
1	0	
1	1	

3. 2입력 NAND 게이트 IC 74LS00 IC의 핀 접속도를 확인하고 1개의 게이트를 사용해서 동작실험을 하여 진리표를 완성한다.

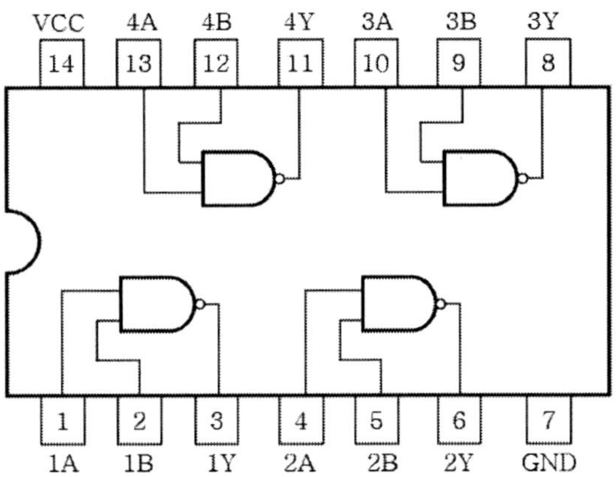

입 력		출 력
A	B	Y
0	0	
0	1	
1	0	
1	1	

4. NAND 게이트를 사용해서 NOT 게이트를 구성해서 확인한다.

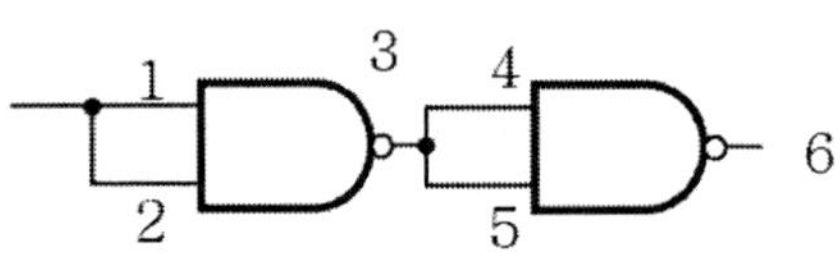

5. 2입력 OR 게이트 IC 74LS32 IC의 핀 접속도를 확인하고 1개의 게이트를 사용해서 동작실험을 하여 진리표를 완성한다.

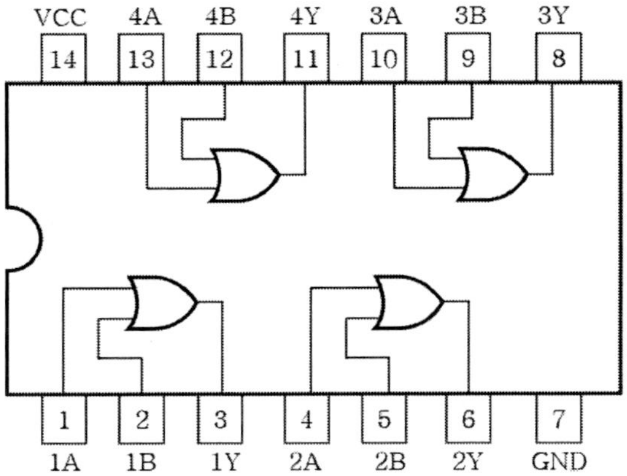

입 력		출 력
A	B	Y
0	0	
0	1	
1	0	
1	1	

6. 2입력 NOR 게이트 IC 74LS02 IC의 핀 접속도를 확인하고 1개의 게이트를 사용해서 동작실험을 하여 진리표를 완성한다.

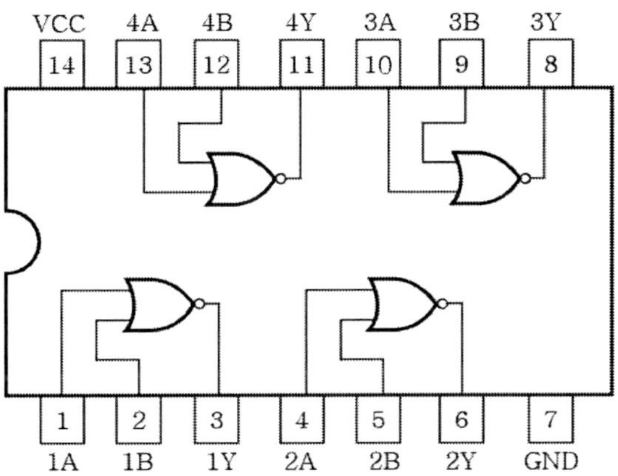

입 력		출 력
A	B	Y
0	0	
0	1	
1	0	
1	1	

7. 다음의 진리표에 따라 동작하는 조합 논리회로의 식을 구하고 카르노맵을 이용해서 간략히 한 뒤 논리식을 구한다. 그리고 정리된 논리식을 사용해서 논리회로를 그리고 논리회로를 브레드보드에 구성해서 진리표를 확인한다.

입 력			출 력
A	B	C	Y
0	0	0	1
0	0	1	0
0	1	0	1
0	1	1	0
1	0	0	1
1	0	1	1
1	1	0	1
1	1	1	0

간략화된 논리식 Y = $A\overline{B} + \overline{C}$

다음은 3개의 3입력 AND 게이트를 가지고 있는 74LS11의 핀 접속도이다.

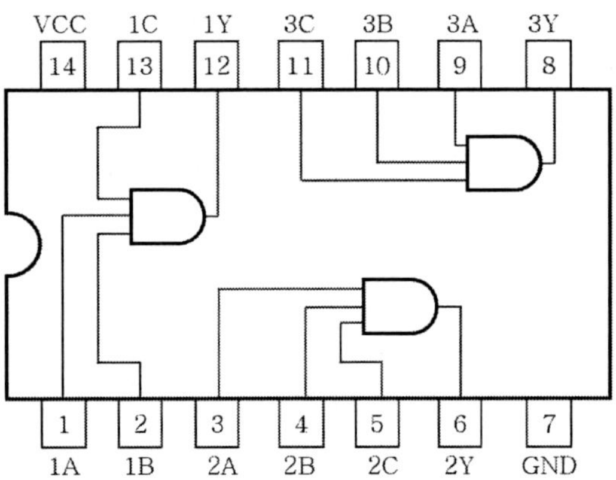

3

인코더/디코더

Digital Circuit Practice

1. 3-STATE 버퍼 인코더/디코더

[실습목적]
3-STATE 버퍼/인버터의 동작을 이해하고 사용법을 익힌다.
인코드/디코드의 동작을 이해하고 사용법을 익힌다.
표시소자(FND)를 이해하고 사용법을 익힌다.

[관계지식]

1.1 3-STATE 버퍼/인버터

일반적으로 1, 0의 상태만 존재하지만 3-STATE는 1, 0과 고임피던스의 상태 즉 개방상태를 추가해서 3개의 상태를 가진다. 3-STATE를 가지는 버퍼/인버터는 제어 입력단자의 값에 따라 입력과 출력이 개방 상태가 된다. 다음은 3-STATE 버퍼를 나타낸 것이다.

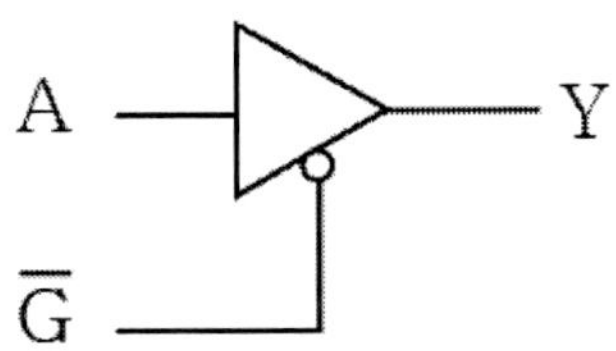

입 력		출 력
G	A	Y
0	0	0
0	1	1
1	×	Hi-Z

제어입력이 G가 아닌 $\overline{G}$ 이면 입력이 0일 때 정상동작하고 1일때 출력이 개방되도록 동작한다.

1.2 3-STATE IC의 사용예와 종류

3-STATE 기능을 갖는 IC의 사용은 주로 공통으로 사용하는 DATA BUS, ADDRESS BUS, 제어버스에 접속하여 0, 1 의 자료의 흐름을 제어하는데 주로 사용된다. 다음 그림에서 컴퓨터의 예를 들어보자. HDD에서 읽은 자료를 레지스터1에 보관하고 있다가 데이터버스에 출력한다면 이때 G2, G3는 0을 입력하여 개방상태로 두고 G1을 1로 두면 레지스터1에 있던 0, 1자료가 데이터버스에 실리게 된다. 레지스터2와 레지스터3의 자료가 데이터버스에 나오지 않게 되어 자료가 없어지거나 변경되지 않게 되는 것이다.

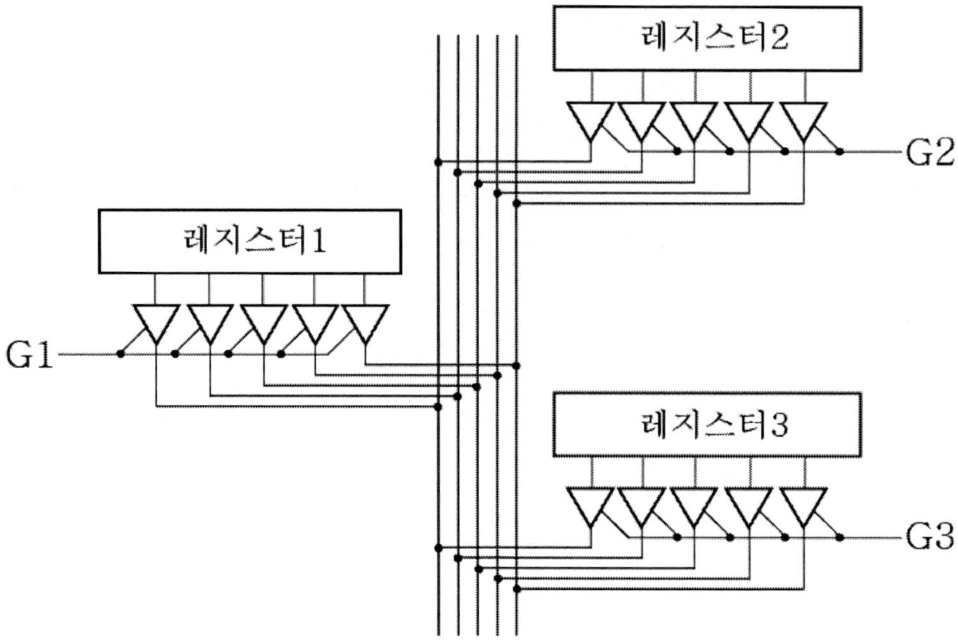

다음의 표는 3-STATE 버퍼/인버터 IC를 나타낸 것이다.

구 분	IC
버퍼	74LS125, 74LS126, 74LS365, 74LS367
인버터	74LS366, 74LS368

2. 실습하기

실습장비및 공구	실습재료	규격	수량
직류전원공급기	IC	74LS125	1
테스터			
브레드보드			
공구세트			
	LED	적색	
	저항기류	330	

2-1. 다음은 4개의 3-STATE 버퍼를 가지고 있는 74LS125의 핀 접속도이다. 1개의 게이트를 선택해서 진리표를 완성하시오.

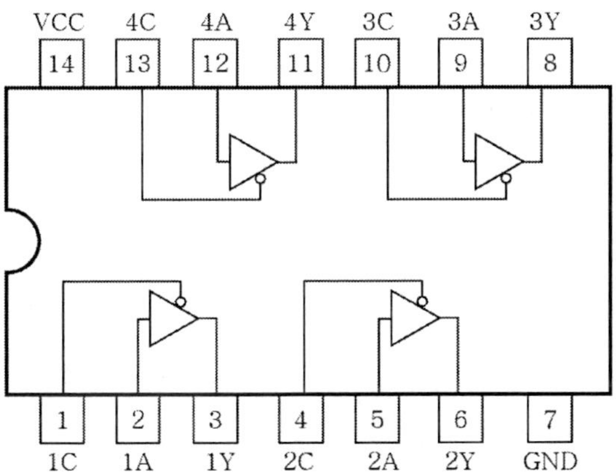

입 력		출 력
2C	2A	2Y
0	0	
0	1	
1	0	
1	1	

2-2. 다음 그림과 같이 입력에 펄스 신호(1Hz)를 연결하고 C 단자에 0, 1을 입력했을 때의 결과를 확인하시오.

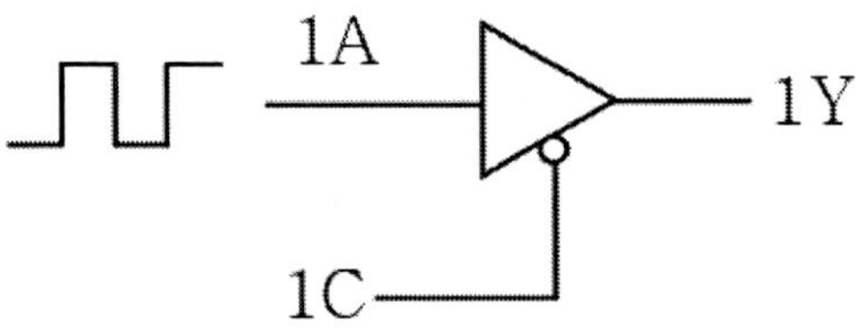

입 력		출 력
1C	1A	1Y
0	0	
0	1Hz	
1	1	
1	1Hz	

3. 인코더(Encoder)

[실습목적]

인코드/디코드의 동작을 이해하고 사용법을 익힌다.

[관계지식]

3.1 인코더

부호기(인코더)는 m개 비트의 입력변수의 정보를 2^n 2진코드로 변환하여 출력하는 조합논리회로이다. 다음 그림과 같이 4개의 입력 정보를 두 개의 비트로 2진코드로 변환하여 출력하는 것을 4 × 2 인코드라고 한다. 일반적으로 m × n 인코드라고 할 수 있다.

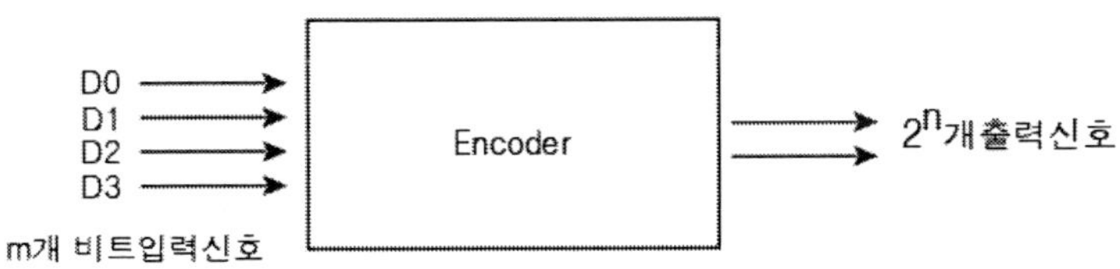

다음의 진리표는 4개의 입력에 따라 2^2 2진코드를 출력하는 4 × 2 인코드이다. 진리표로부터 출력 A, B의 논리식은 A = D1 + D3, B = D2 + D3가 된다. 따라서 이 논리식을 만족하는 논리회로를 그려보면 다음과 같다.

4진 입력	2진 출력	
	B	A
D0	0	0
D1	0	1
D2	1	0
D3	1	1

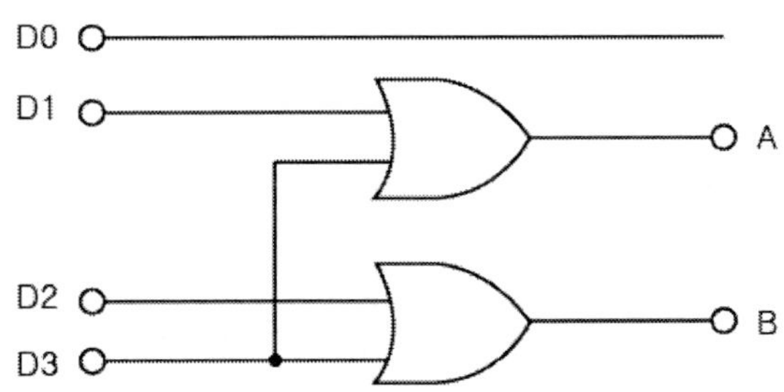

다음의 진리표는 8개의 입력에 따라 2^3 2진코드를 출력하는 8 × 3 인코드이다. 진리표로부터 출력 A, B, C의 논리식은

A = D1 + D3 + D5 + D7

B = D2 + D3 + D6 + D7

C = D4 + D5 + D6 + D7

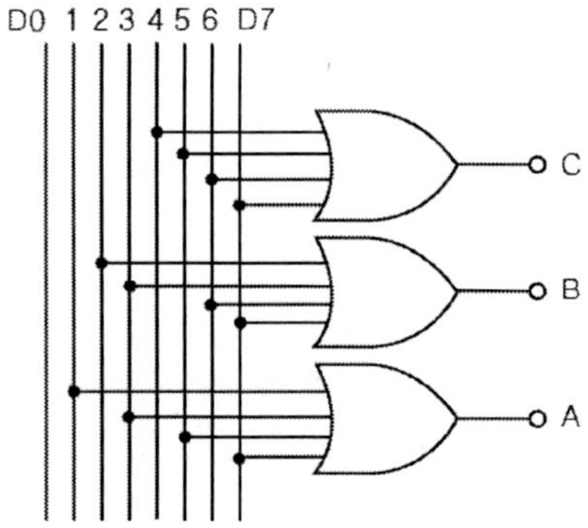

이 된다. 이 논리식을 만족하는 논리회로를 그려보면 다음과 같다.

8진 입력								2진 출 력		
D0	D1	D2	D3	D4	D5	D6	D7	C	B	A
1	0	0	0	0	0	0	0	0	0	0
0	1	0	0	0	0	0	0	0	0	1
0	0	1	0	0	0	0	0	0	1	0
0	0	0	1	0	0	0	0	0	1	1
0	0	0	0	1	0	0	0	1	0	0
0	0	0	0	0	1	0	0	1	0	1
0	0	0	0	0	0	1	0	1	1	0
0	0	0	0	0	0	0	1	1	1	1

다음은 8×3 우선순위 인코드 IC 74148의 진리표와 내부 구성도를 나타내었다. enable input($\overline{EI}$)이 0일 때 입력에 따른 출력이 나타난다. $\overline{GS}$는 임의의 입력중 0이 없을 때 1이 출력되고, enable output($\overline{EO}$)는 반대로 임의의 입력 중 0이 있을 때 1이 출력된다.

우선순위는 상위비트에 0이 들어오면 그 하위비트에서의 값은 관계없이 우선하는 방식이다.

입 력									출 력				
$\overline{EI}$	D7	D6	D5	D4	D3	D2	D1	D0	A2	A1	A0	$\overline{GS}$	$\overline{EO}$
1	×	×	×	×	×	×	×	×	1	1	1	1	1
0	1	1	1	1	1	1	1	1	1	1	1	1	0
0	1	1	1	1	1	1	1	0	1	1	1	0	1
0	1	1	1	1	1	1	0	×	1	1	0	0	1
0	1	1	1	1	1	0	×	×	1	0	1	0	1
0	1	1	1	1	0	×	×	×	1	0	0	0	1
0	1	1	1	0	×	×	×	×	0	1	1	0	1
0	1	1	0	×	×	×	×	×	0	1	0	0	1
0	1	0	×	×	×	×	×	×	0	0	1	0	1
0	0	×	×	×	×	×	×	×	0	0	0	0	1

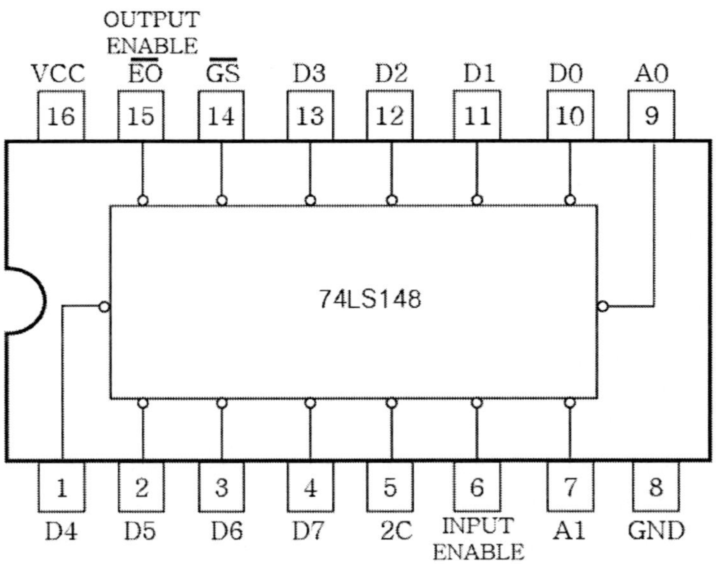

4. 실습

실습장비및 공구	실습재료	규격	수량
직류전원공급기	IC	74LS32	1
테스터		74LS148	1
브레드보드			
공구세트			
	LED	적색	
	PB스위치	a접점	4
	저항기류	4.7K, 330	

4-1. 다음은 4-2 인코더회로이다. 브레드보드에 회로를 구성하고 입력스위치의 누른 상태에 따라 나타나는 출력 상태를 측정해서 입력하시오.

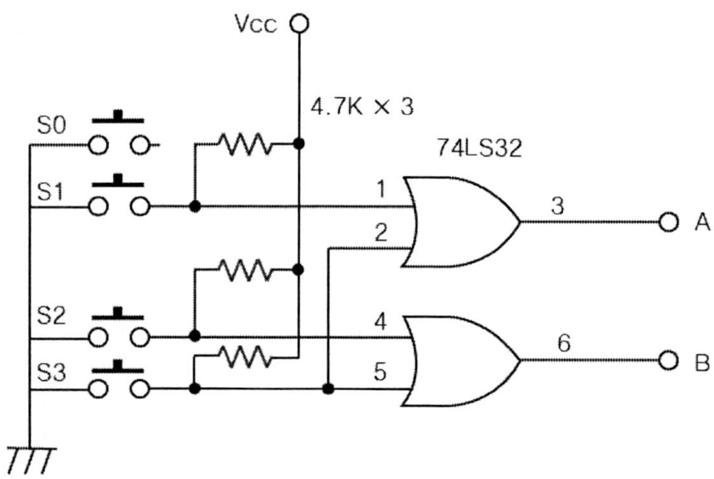

입 력	출 력	
	B	A
S0 누름		
S1 누름		
S2 누름		
S3 누름		

4-2. 다음은 우선순위 인코드 74148을 이용한 4-2 인코더회로이다. 브레드보드에 회로를 구성하고 입력스위치의 누른 상태에 따라 나타나는 출력 상태를 측정해서 입력하시오.

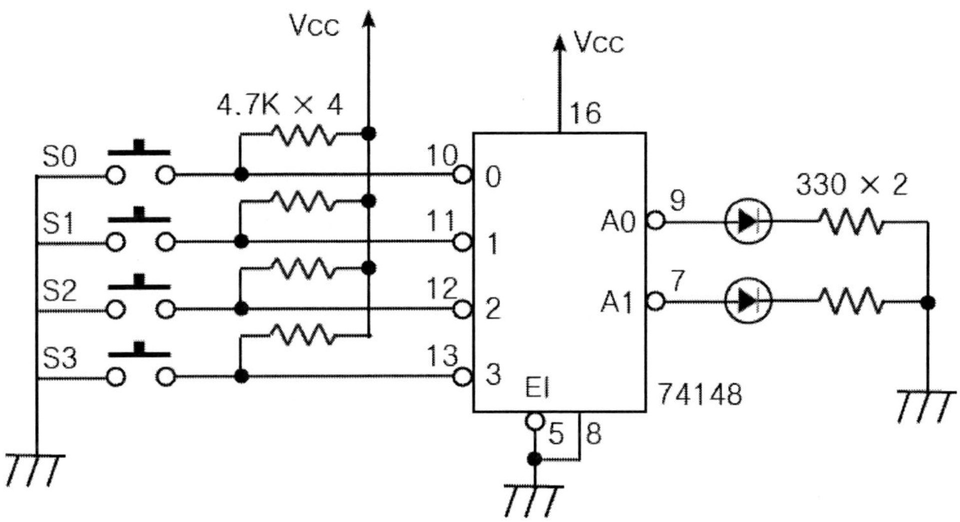

입 력	출 력	
	B	A
S0 누름		
S1 누름		
S2 누름		
S3 누름		

5. 디코드(DECODER)

[실습목적]

인코드/디코드의 동작을 이해하고 사용법을 익힌다.

[관계지식]

5.1 디코더

복호기(디코더)는 n개 비트의 입력변수의 정보를 m(2^n)개의 정보로 변환하여 출력하는 조합논리회로이다. 다음 그림과 같이 2개의 입력 정보를 4개의 신호로 변환하여 출력하는 것을 2 × 4 디코드라고 한다. 일반적으로 n × m 디코드라고 할 수 있다.

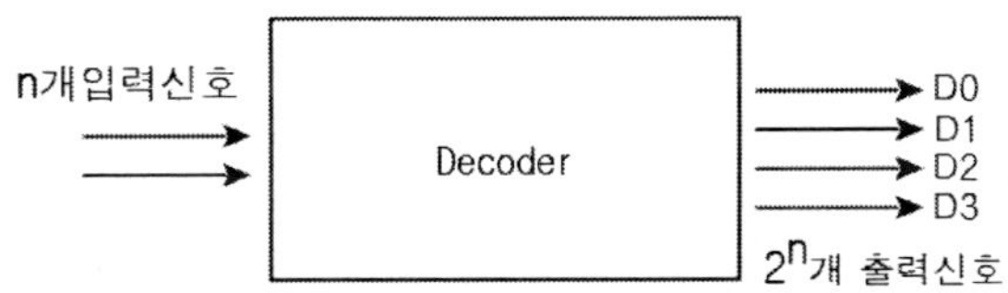

다음의 진리표는 2개의 입력에 따라 2^2개를 출력하는 2 × 4 디코드이다. 진리표로부터 출력 A, B의 논리식은 D0 = $\overline{AB}$ D1 = $\overline{A}$B D2 = A$\overline{B}$ D3 = AB가 된다. 따라서 이 논리식을 만족하는 논리회로를 그려보면 다음과 같다.

입 력		출 력			
A	B	D0	D1	D2	D3
0	0	1	0	0	0
0	1	0	1	0	0
1	0	0	0	1	0
1	1	0	0	0	1

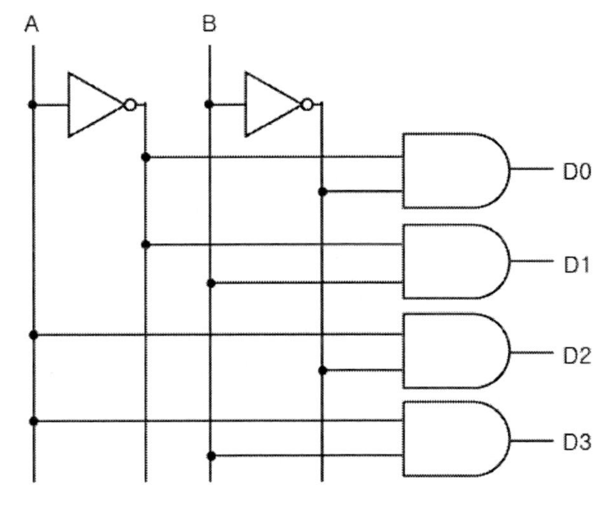

디코드 IC는 다양한 용도로 많이 사용되고 있으며 주로 사용되는 IC는 다음과 같다.

구 분	IC
2 - 4 디코드, 2개	74LS139
3 - 8 디코드	74LS138
4 - 16 디코드	74LS154
BCD 10진 디코드	74LS45
어드레스용 디코드	74LS142

다음은 2-4 디코드 IC 74139의 진리표와 내부 구성도를 나타내었다. enable input ($\overline{G}$)이 0일때 입력에 따른 디코더 출력이 나타난다. 각 출력은 0으로 출력되기 때문에 디코드를 통해서 여러 개의 메모리 중에 특정 메모리를 선택해야한다면 메모리의 칩 선택 입력($\overline{CE}$, $\overline{CS}$)과 연결하면 어드레스 디코드로 동작하게 된다.

입 력			출 력			
제어	데이터		Y0	Y1	Y2	Y3
Enable G	B	A				
1	×	×	1	1	1	1
0	0	0	0	1	1	1
0	0	1	1	0	1	1
0	1	0	1	1	0	1
0	1	1	1	1	1	0

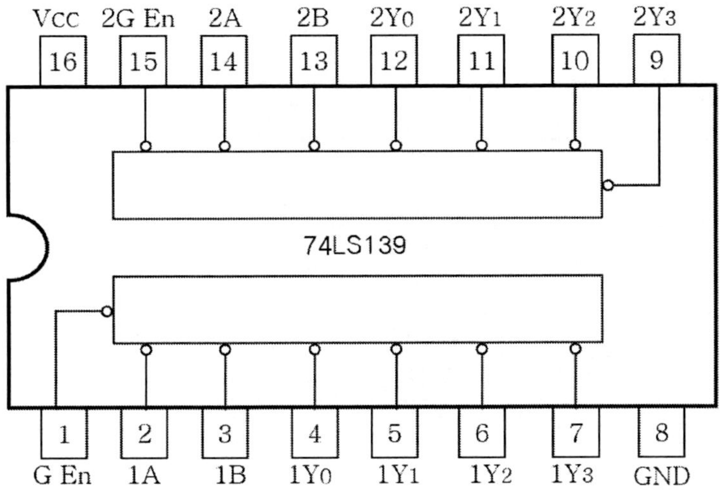
Vcc
2G En
2A
2B
2Y0
2Y1
2Y2
2Y3
16
15
14
13
12
11
10
9
74LS139
1
2
3
4
5
6
7
8
G En
1A
1B
1Y0
1Y1
1Y2
1Y3
GND

6. 실습

실습장비및 공구	실습재료	규격	수량
직류전원공급기	IC	74LS139	1
테스터		74LS02	1
브레드보드		74LS04	1
공구세트		74LS08	1
		74LS32	1
		74LS11	1
	LED	적색	4
	PB스위치	a, b접점	2
	저항기류	330, 4.7K	

6-1. 다음은74LS139 2 × 4 디코더 IC를 이용한 회로이다. 브레드보드에 회로를 구성하고 입력스위치의 누른 상태에 따라 나타나는 출력 상태를 측정해서 입력하시오.

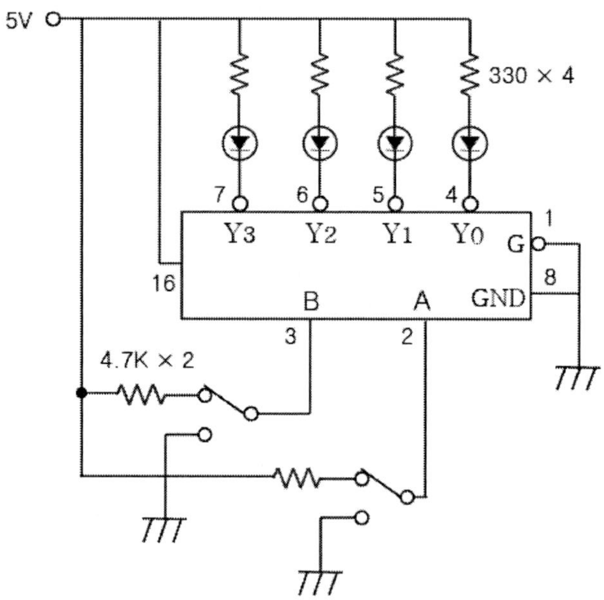

입 력			출 력			
제어	데이터		Y0	Y1	Y2	Y3
Enable G	B	A				
1	×	×				
0	0	0				
0	0	1				
0	1	0				
0	1	1				

7. 표시소자

7-세그먼트 표시소자는 디지털회로에서 보편적으로 사용하는 표시소자이다. 애노드 공통형(CA), 캐소드 공통형(CC)이 있고 7-세먼트 표시소자를 FND(Flexible Numeric Display)라고 부르기도 한다.

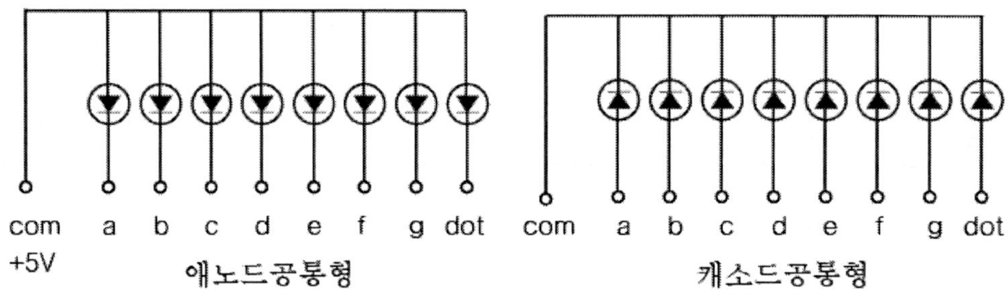

캐소드 공통형은 공동단자를 어스(Gnd)에 애노드 공통형은 공동단자를 Vcc에 연결한다. 다음은 7 세그먼트 LED 표시소자의 구조와 핀 번호를 나타낸 것이다.

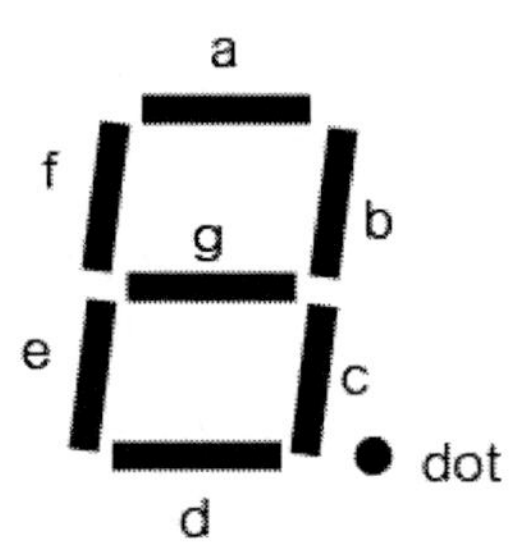

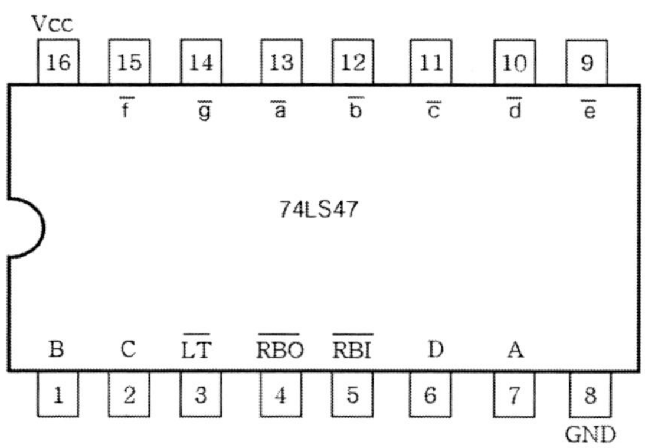

일반적으로 사용되는 애노드 공통형 BCD-7 세그먼트 LED 디코드 IC 7447의 핀접속도이다.

$\overline{LT}$(Lamp Test) : 0으로 설정하면 모든 세그먼트가 켜진다. 사용 시에는 1로 둔다.
$\overline{RBI}$(Ripple Blanking Input) : 제일 윗자리의 수 표시기일 경우 0으로 설정하여 0이 표시되지 않도록(05 => 5) 그리고 제일 윗자리가 아닌 경우 바로 윗자리 디코드 IC의 $\overline{BI}/\overline{RBO}$에 단자에 연결하여 0이 표시되지 않도록 한다.
$\overline{BI}/\overline{RBO}$(Blanking Input/Ripple Blanking Output) : 0으로 설정하면 세그먼트 모두

Off된다.

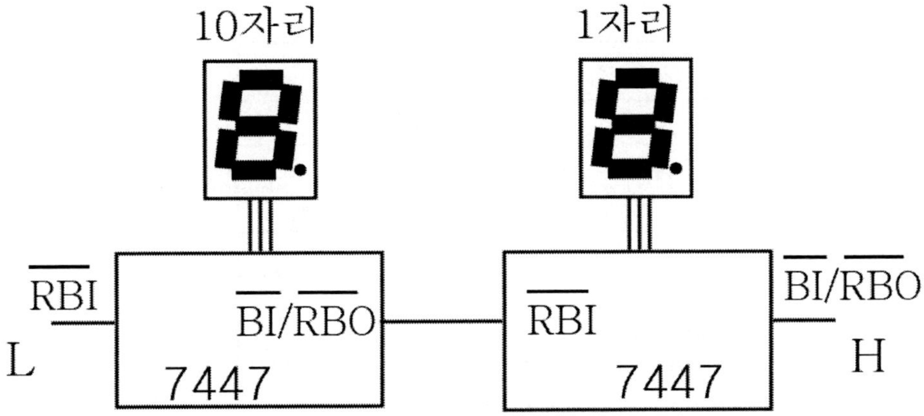

다음은 7-세그먼트 LED 디코드 IC의 종류이다.

구 분	IC
캐소드 공통형 BCD 7-세그먼트 LED 디코드 IC	74LS48
애노드 공통형 BCD 7-세그먼트 LED 디코드 IC	74LS47
CA 16진수 7-세그먼트 LED 디코드 IC	M54405
CC 16진수 7-세그먼트 LED 디코드 IC	F9368

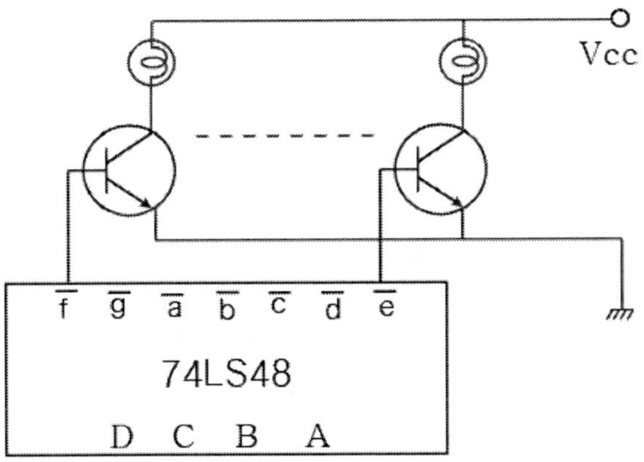

표시장치로 7-세그먼트 LED 가 아닌 다른 램프를 구동해야한다면 다음의 회로와 같이 트랜지스터를 사용해서 7447의 경우 PNP TR을 7448인 경우 NPN TR을 사용해서 전류증폭을 시켜 램프를 동작시킨다.

8. 실습

실습장비및 공구	실습재료	규격	수량
직류전원공급기	IC	74LS47	1
테스터	FND	CA	1
브레드보드			
공구세트			
	LED	적색	
	PB스위치	a접점	1
	저항기류	330	

7-1. 다음은 74LS74를 사용하여 7-세그먼트를 표시하는 회로이다. 브레드보드에 회로를 구성하고 입력단에 BCD를 입력하여 표시장치를 구동해서 다음의 표에 입력한다.

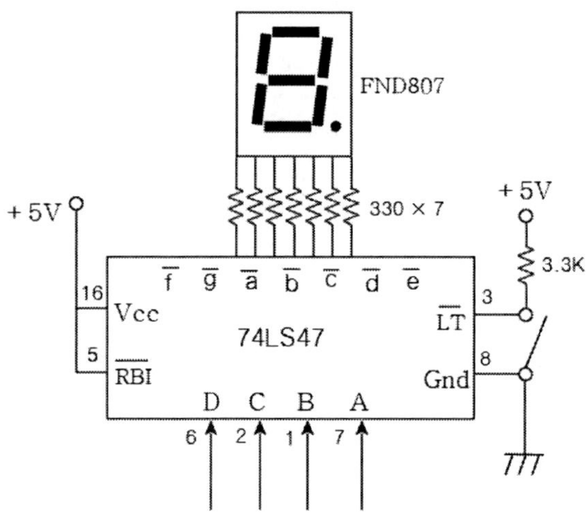

입 력				출 력
D	C	B	A	
0	0	0	0	
0	0	0	1	
0	0	1	0	
0	0	1	1	
0	1	0	0	
0	1	0	1	
0	1	1	0	
0	1	1	1	
1	0	0	0	
1	0	0	1	

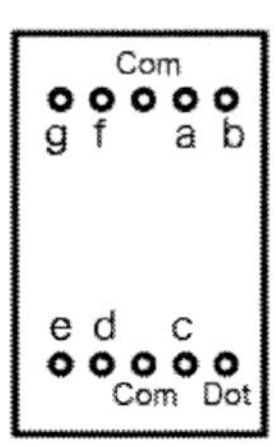

$Y = \overline{A}$

$D0 = \overline{A} + \overline{B}$ $D1 = A + \overline{B}$, $D2 = \overline{A} + B$, $D3 = A + B$

4

멀티플렉스/디멀티플렉스

Digital Circuit Practice

1. 멀티플렉서

[실습목적]
멀티플렉스 동작을 이해하고 사용법을 익힌다.

[관계지식]
1.1 멀티플렉스

Multiplex(다중화)는 여러개의 입력신호 중에 하나를 선택하여 출력으로 연결하여 신호를 출력하는 조합논리회로 방식으로 데이터 선택기(Data Selector)라고도 한다.

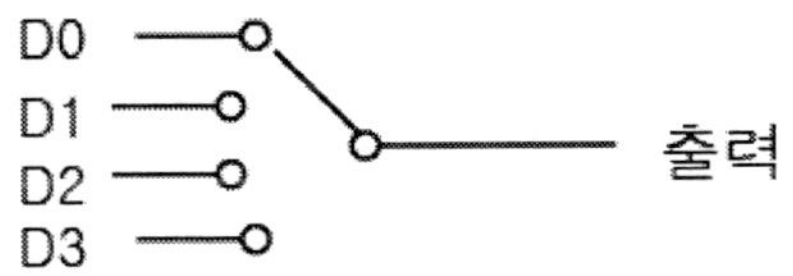

데이터 입력단이 2^n개가 있을 경우 그중의 한 개를 선택하기위해서는 n개의 선택 제어 입력선의 조합으로 1개의 입력단을 선택할 수 있게 된다.

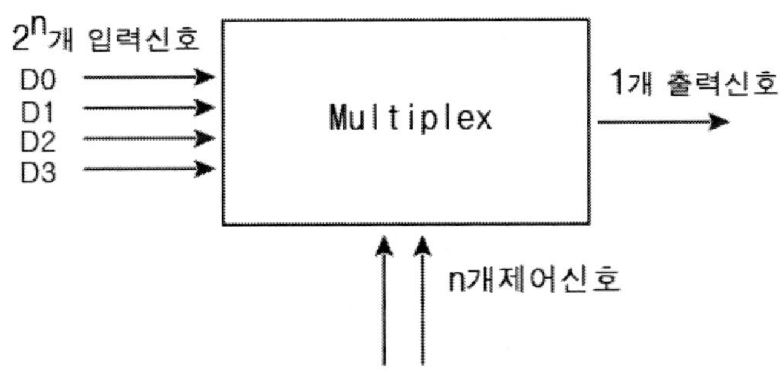

다음은 4개의 입력선을 2개의 제어입력을 통해서 필요한 입력을 출력으로 연결하는 4 × 1 멀티플렉서의 회로이다.

진리표에서 제어입력의 값에 따라 D0, D1, D2, D3가 선택되어 출력에 나타난다.

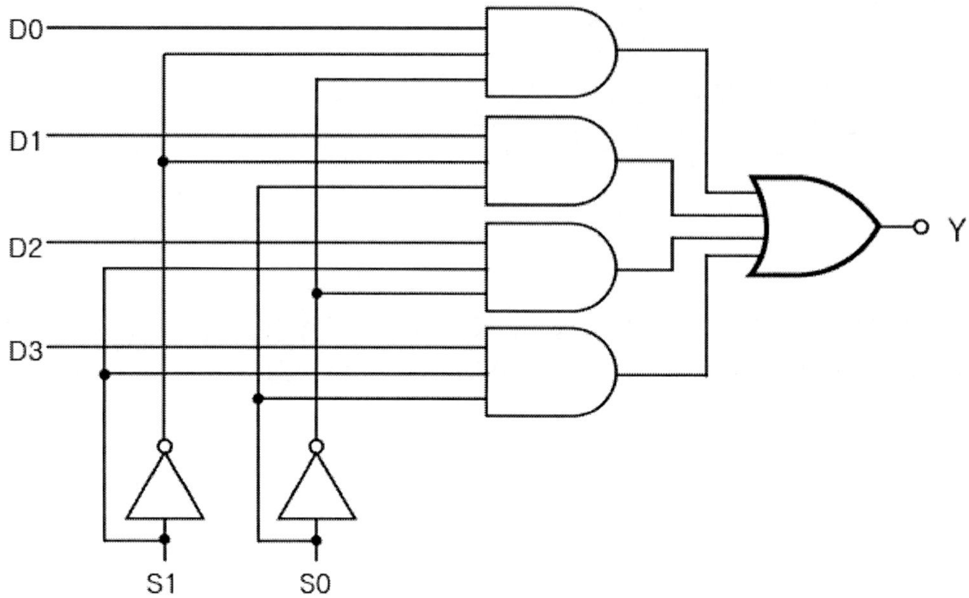

제어 입력		출력
S0	S1	Y
0	0	D0
0	1	D1
1	0	D2
1	1	D3

다음은 멀티플렉스 기능을 가지는 IC를 나타내었다.

구 분	IC
2 - 1	74LS157, 74LS158
4 - 1	74LS153, 74LS155, 75LS156
8 - 1	74LS151, 74LS152
16 - 1	74LS150

2. 실습하기

실습장비및 공구	실습재료	규격	수량
직류전원공급기	IC	74LS153	1
테스터			
브레드보드			
공구세트			
	LED	적색	
	PB스위치	a접점	3
	저항기류		

2-1. 다음은 4 × 1 멀티플렉스를 2개 가지고 있는 74153 의 내부구조와 핀 접속도를 나타내고 있다. 1개의 게이트를 선택해서 진리표를 완성하시오.

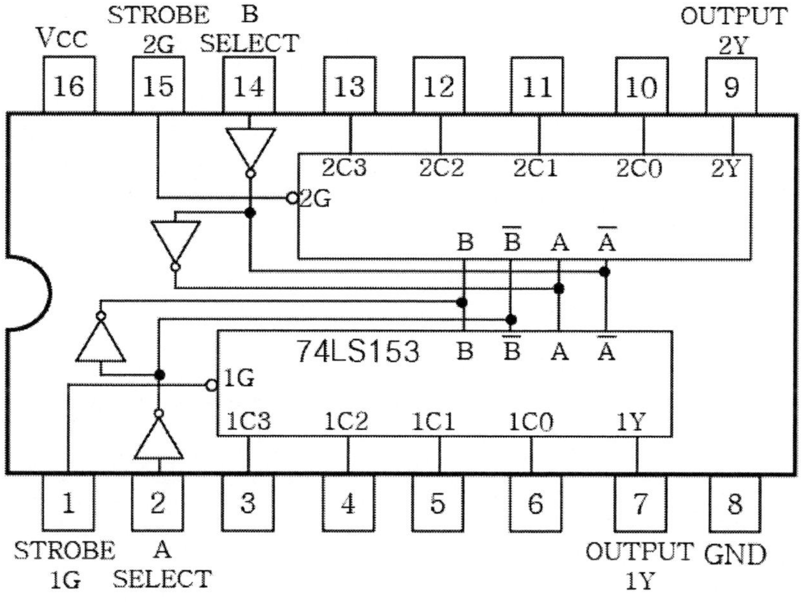

브레드보드에 회로를 구성하고 입력단에 각각의 구형파를 연결해서 제어입력에 따라 출력의 위치가 변경되는 것을 확인하고 진리표를 작성하시오.

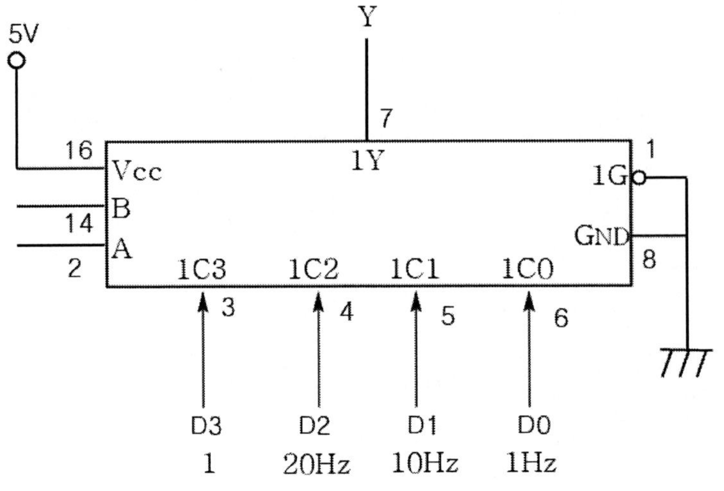

선택 입력		출력
S0	S1	Y
0	0	
0	1	
1	0	
1	1	

3. 디멀티플렉서

[실습목적]

디멀티플렉스 동작을 이해하고 사용법을 익힌다.

[관계지식]

3.1 디멀티플렉스

Demultiplex는 한 개 단자의 입력신호를 제어입력을 사용해서 여러 개의 출력단자 중에 하나를 선택하여 출력으로 연결하여 신호를 출력하는 조합논리회로 방식으로 데이터 분배기(Data Distributor)라고도 한다.

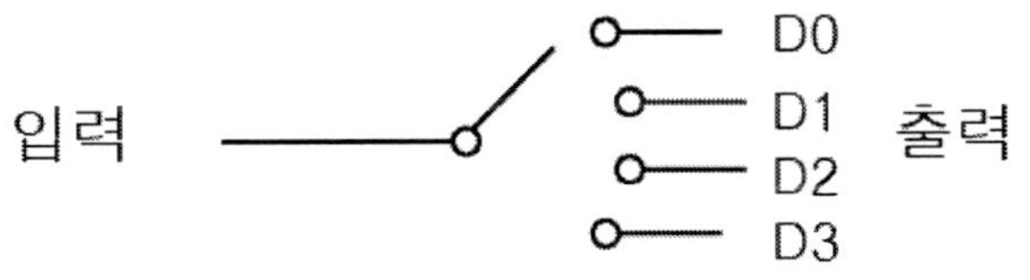

데이터 출력단이 2^n개가 있을 경우 그중의 한 개를 선택하기위해서는 n개의 선택 제어 입력선의 조합으로 1개의 출력단을 선택할 수 있게 된다.

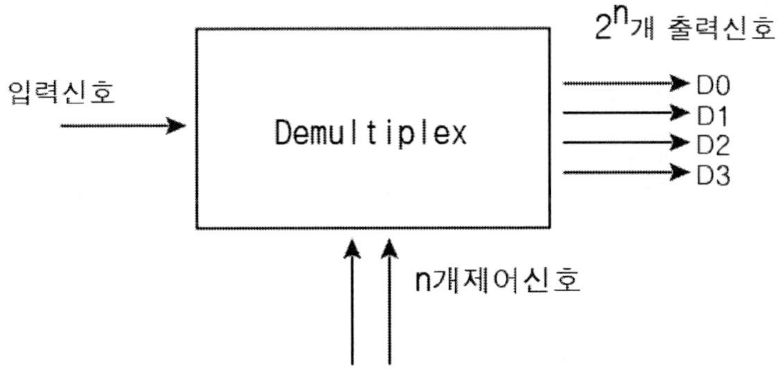

다음은 1개의 입력 데이터 선을 2개의 제어입력을 통해서 입력을 연결하고자 하는 출력단으로 연결하는 1 × 4 멀티플렉서의 회로이다.

진리표에서 제어입력의 값에 따라 D0, D1, D2, D3가 선택되어 출력에 나타난다.

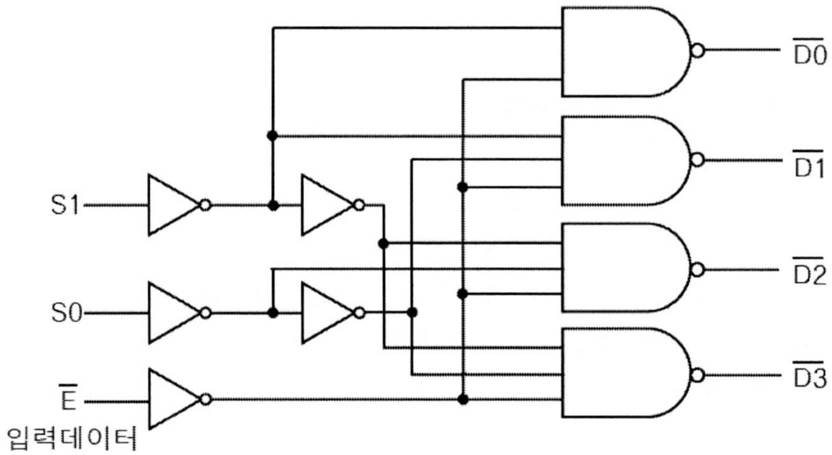

제어 입력		입력	출 력			
S0	S1	$\overline{E}$	$\overline{D3}$	$\overline{D2}$	$\overline{D1}$	$\overline{D0}$
0	0	1				
0	0	0				
0	1	0				
1	0	0				
1	1	0				

앞에서 설명한 디멀티플렉서 회로의 경우 왼쪽부분은 2 - 4 디코드의 기능을 실행하고 오른쪽에 있는 NAND 게이트부분은 디멀티플렉서의 기능을 수행한다. 이것처럼 대부분의 IC들이 디코드 기능과 디멀티플렉서의 기능을 함께 가지고 있어 필요한 용도에 따라 사용할 수 있다.

디코더 IC의 ENABLE 입력($\overline{E}$) 단자를 디멀티플렉스의 입력 데이터 단자로 이용하면 된다.

구 분	IC
1 - 4 디멀티플렉서	2 - 4디코드 IC 74LS139
1 - 8 디멀티플렉서	3 - 8 디코드 IC 74LS138
1 - 16 디멀티플렉서	4 - 16 디코드 IC 74LS154

4. 실습하기

실습장비및 공구	실습재료	규격	수량
직류전원공급기	IC	74LS139	1
테스터			
브레드보드			
공구세트			
	LED	적색	4
	PB스위치	a접점	3
	저항기류	330	

4-1 74139는 2 × 4 디코드 IC이지만 디멀티플렉서로 사용할 수 있다. G En(1번 단자)를 데이터 입력으로 사용하고 데이터 입력 단자 1A, 1B(2A, 2B)는 제어 입력 단자로 사용한다.

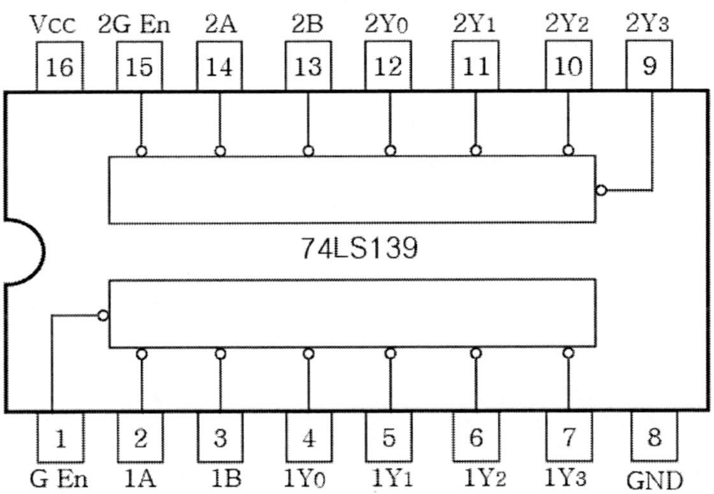

브레드보드에 회로를 구성하고 입력단에 각각의 구형파를 연결해서 제어입력에 따라 출력의 위치가 변경되는 것을 확인하고 진리표를 작성하시오.

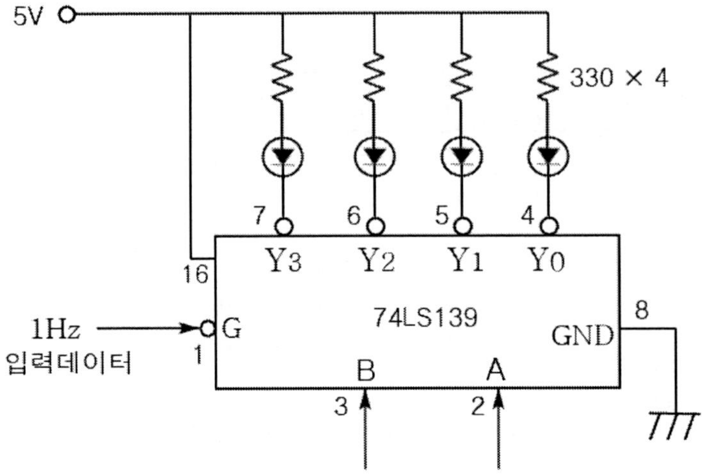

입력	제어입력		출 력			
$\overline{G}$	B	A	$\overline{Y3}$	$\overline{Y2}$	$\overline{Y1}$	$\overline{Y0}$
1	×	×	1	1	1	1
0	0	0				
0	0	1				
0	1	0				
0	1	1				

5

가산기/감산기 저항 값 읽기

Digital Circuit Practice

1. Exclusive-OR 게이트

2진 비트형태의 입력이 서로 다를 때만 출력이 1이 되는 논리회로이며 그레이코드, 패리티코드, 가산기, 감산기, 비교기 등에 사용된다. 진리표와 논리기호는 다음과 같다.

입 력		출 력
A	B	
0	0	0
0	1	1
1	0	1
1	1	0

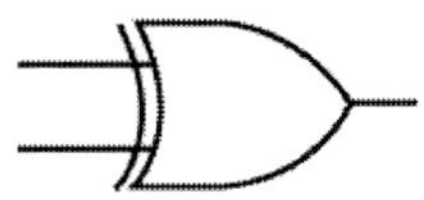

X-OR의 논리식은 $Y = A\overline{B} + \overline{A}B = A \oplus B$ 이다.
다음은 다양한 형태의 X-OR 논리회로와 논리식을 나타내었다.

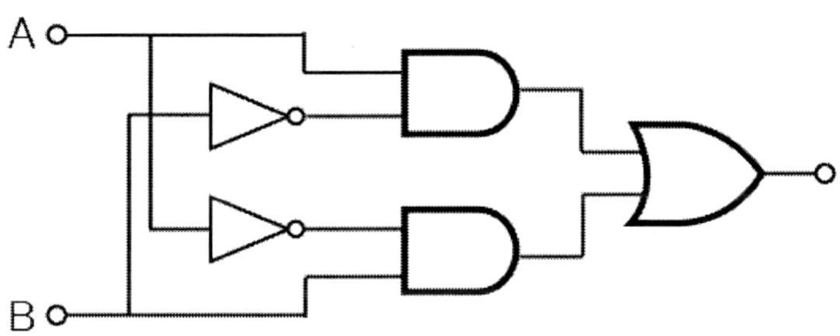

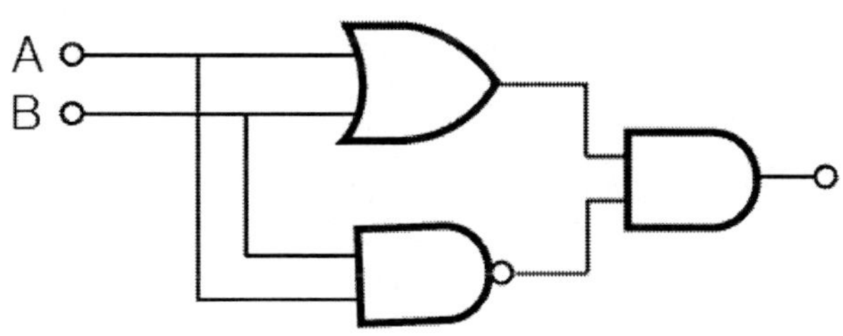

$Y = (A+B)\ (\overline{AB})$

$= (A+B)\ (\overline{A} + \overline{B})$

$= A\overline{A} + A\overline{B} + \overline{A}B + B\overline{B}$

$= A\overline{B} + \overline{A}B$

$= A \oplus B$

2. 패리티 회로

다음은 X-OR를 사용하여 1의 수가 짝수 개인지 홀수 개 인지를 검사하는 패리티 검사 회로이다.

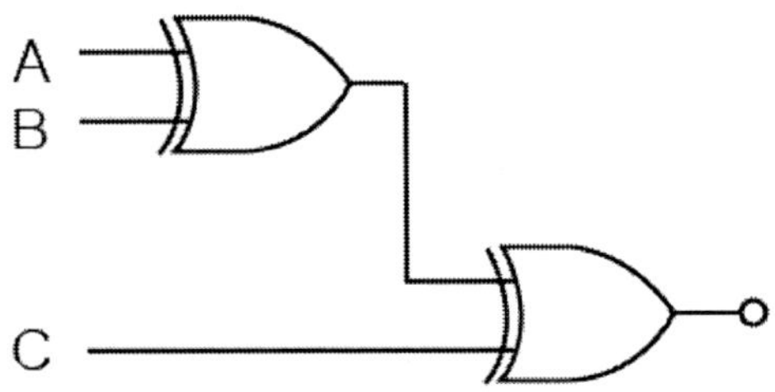

기 능	SN 74시리즈	CMOS
X-OR	74LS86	4030 4070 4175

3. 실습하기

실습장비및 공구	실습재료	규격	수량
직류전원공급기	IC	74LS04	1
테스터		74LS08	1
브레드보드		74LS32	1
공구세트			
	LED	적색	
	PB스위치	a접점	3
	저항기류	330	

2-1. 다음은 7404, 7408, 7432 IC를 사용해서 X-OR 논리회로를 구성하였다. 브레드보드에 회로를 구성하고 입력단 A, B에 각각의 입력을 설정해서 출력을 확인하고 진리표를 작성하시오.

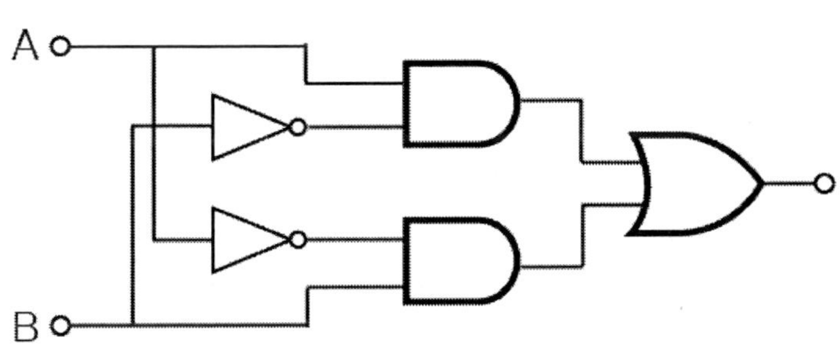

입 력		출 력
A	B	
0	0	
0	1	
1	0	
1	1	

4. 가산기

4.1 반가산기

두 개의 1Bit 2진수를 더하면 합계(Sum)가 만들어지고 자리올림(Carry)이 발생한다. S와 C를 연산하는 회로를 반가산기(Half Adder)라고 한다.

반가산기의 진리표와 논리기호는 다음과 같다.

입 력		출 력	
A	B	S	C
0	0	0	0
0	1	1	0
1	0	1	0
1	1	0	1

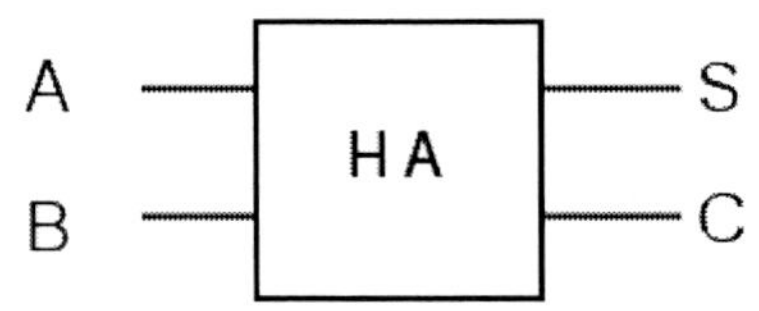

다음은 반가산기의 논리회로이다. 반가산기의 합계는 X-OR의 출력이 되고 자리올림은 AND 연산을 한 것과 같다.

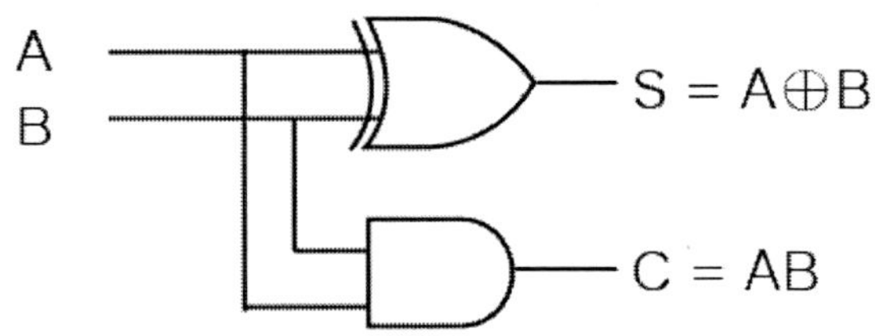

3.2 전가산기

전가산기의 연산은 앞자리에서 발생한 자리올림도 같이 연산을 하고 결과를 합계와 다음 자리의 자리올림을 만드는 연산을 실행한다. 전가산기의 진리표와 논리기호는 다음과 같다.

입 력			출 력	
An	Bn	Cn-1	Sn	Cn
0	0	0	0	0
0	0	1	1	0
0	1	0	1	0
0	1	1	0	1
1	0	0	1	0
1	0	1	0	1
1	1	0	0	1
1	1	1	0	1

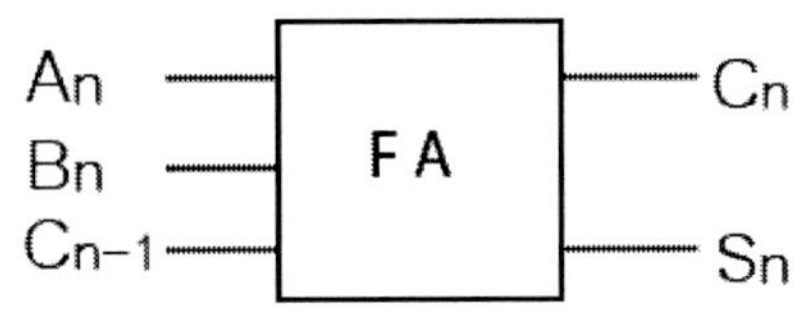

다음은 반가산기와 OR 게이트를 이용한 전가산기의 논리회로이다.

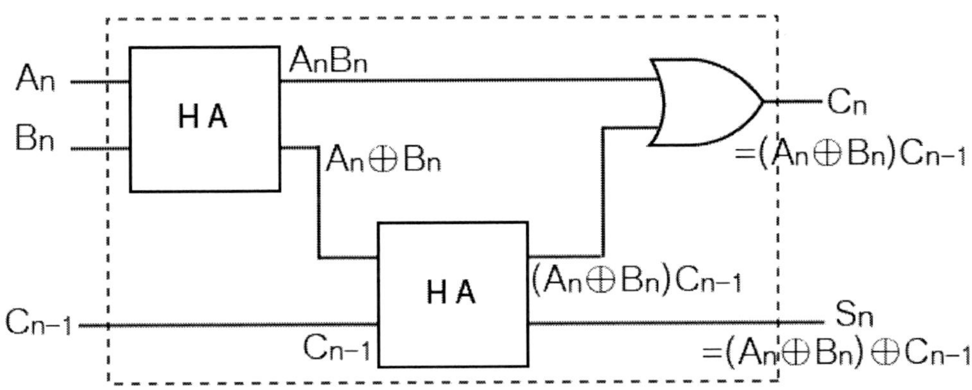

전가산기의 논리식을 구해보자. 진리표에서 S값에 대한 논리식은

$$S = \overline{A}\,\overline{B}Cn\text{-}1 + \overline{A}BCn\text{-}1 + A\overline{B}\,\overline{Cn-1} + \overline{A}\,\overline{B}Cn\text{-}1$$

$$= (A\overline{B} + \overline{A}B)\overline{Cn-1} + (\overline{A}\,\overline{B} + AB)Cn\text{-}1$$

$$= (A \oplus B)\overline{Cn-1} + (\overline{A \oplus B})Cn\text{-}1$$

$= (A \oplus B) \oplus Cn\text{-}1$

Cn은 카르노맵을 이용해서 간략히 해보자.

B Cn-1 / A	00	01	11	10
0			1	
1		1	1	1

$Cn = AB + A\overline{B}Cn\text{-}1 + \overline{A}BCn\text{-}1$

$= AB + Cn\text{-}1(A\overline{B}+\overline{A}B)$

$= AB + Cn\text{-}1(A \oplus B)$

4. 실습하기

실습장비및 공구	실습재료	규격	수량
직류전원공급기	IC	74LS08	1
테스터		74LS86	1
브레드보드		74LS83	1
공구세트			
	LED	적색	
	PB스위치	a접점	3
	저항기류	330	

4-1. 다음은 7486, 7408 IC를 사용해서 반가산기 논리회로를 구성하였다. 브레드보드에 회로를 구성하고 입력단 A, B에 각각의 입력을 설정해서 출력을 확인하고 진리표를 작성하시오.

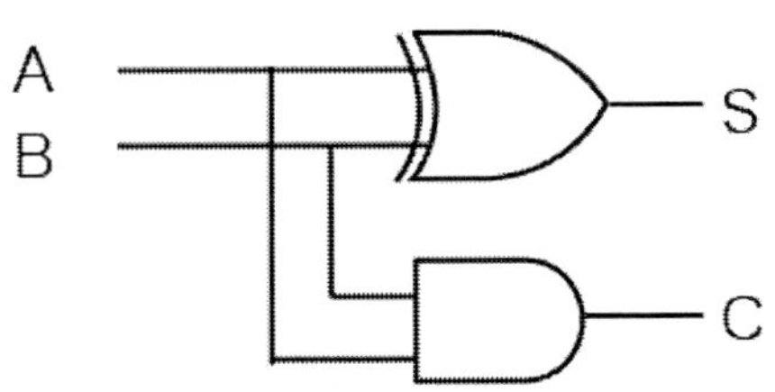

입 력		출 력	
A	B	S	C
0	0		
0	1		
1	0		
1	1		

4-2. 다음은 4비트 2진 병렬가산기 74LS83 IC를 사용해서 2진 가산을 실행하여 그 결과 값을 입력하시오. 핀 접속도를 사용해서 브레드보드에 회로를 구성하시오. C0는 0으로 설정한다.

① 4 + 3　　② 7 + 5

③ 8 + 6　　④ 9 + 9

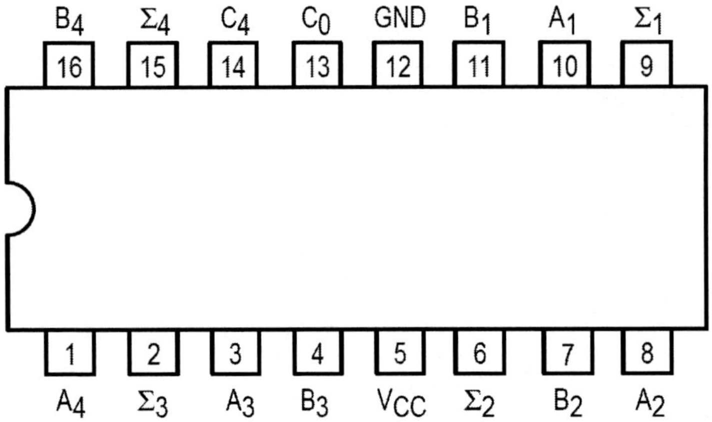

번호	피가산수				가산수				결과				
	A4	A3	A2	A1	B4	B3	B2	B1	C4	S4	S3	S2	S1
①	0	1	0	0	0	0	1	1					
②	0	1	1	1	0	1	0	1					
③	1	0	0	0	1	1	0	0					
④													

5. 반감산기

반감산기는 두 개의 비트를 뺄셈을 수행한다. 두 비트의 연산에서 감산결과 D(Difference)와 1을 빌려 왔는지 b(Borrow)에 대한 결과를 출력에 나타낸다.

반감산기의 진리표와 논리기호는 다음과 같다.

입 력		출 력	
A	B	b	D
0	0	0	0
0	1	1	1
1	0	0	1
1	1	0	0

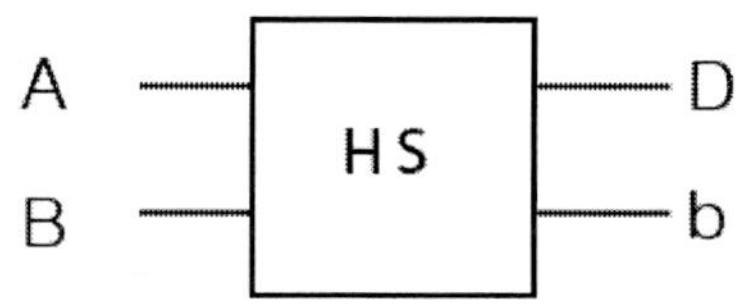

다음은 반감산기의 논리회로이다. 반가산기의 합계는 X-OR의 출력이 되고 자리내림은 $\overline{A}$와 B를 AND 연산을 한 것과 같다.

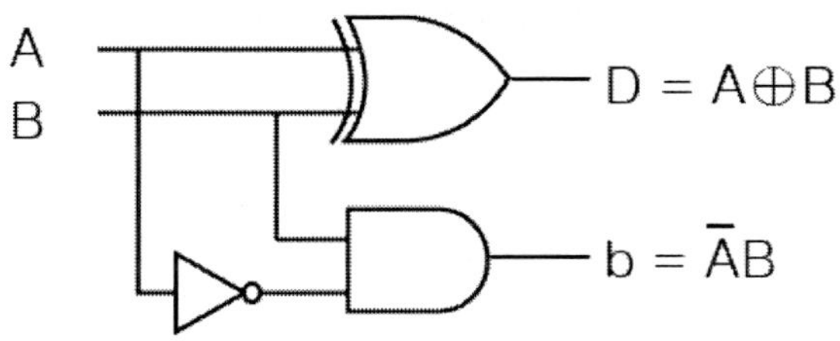

6. 전감산기

최하위의 비트를 제외한 모든 뺄셈은 앞자리에서 1을 빌려준 것을 고려하여 두 비트의 뺄셈 연산을 하는 전감산기가 필요하다.

전감산기의 연산결과는 뺄셈 결과의 차(D)와 빌려줌을 나타내는 b를 출력으로 나타낸다. 전감산기의 진리표와 논리기호는 다음과 같다.

입 력			출 력	
An	Bn	Cn-1	b	D
0	0	0	0	0
0	0	1	1	1
0	1	0	1	1
0	1	1	1	0
1	0	0	0	1
1	0	1	0	0
1	1	0	0	0
1	1	1	1	1

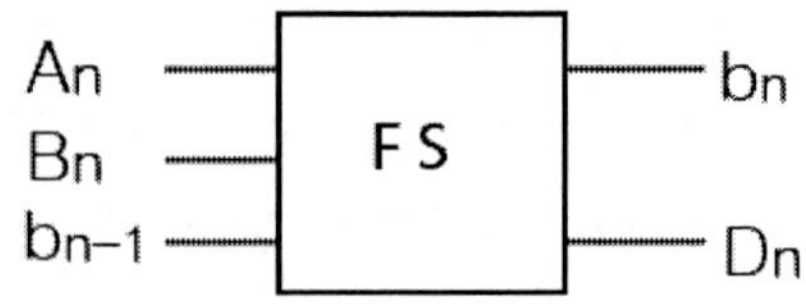

다음은 반감산기와 OR 게이트를 이용한 전감산기의 논리회로이다.

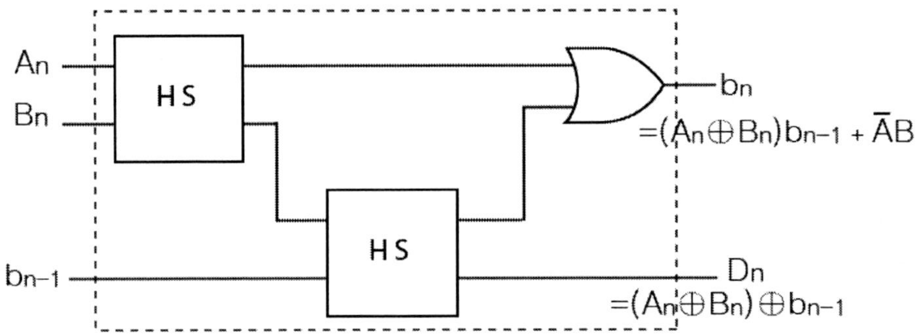

전감산기의 논리식을 구해보자. 진리표에서 D값에 대한 논리식은 전가산기의 논리식과 같다.

$S = \overline{A}\,\overline{B}bn\text{-}1 + \overline{A}Bbn\text{-}1 + A\overline{B}\,\overline{bn-1} + \overline{A}\,\overline{B}bn\text{-}1$

$= (A\overline{B} + \overline{A}B)\overline{bn-1} + (\overline{A}\,\overline{B} + AB)bn\text{-}1$

$= (A\oplus B)\overline{bn-1} + (\overline{A\oplus B})bn\text{-}1$

$= (A\oplus B)\oplus bn\text{-}1$

bn은 카르노맵을 이용해서 간략히 해보자.

AB \ bn-1	00	01	11	10
0		1		
1	1	1	1	

$$bn = ABbn\text{-}1 + \overline{A}\,\overline{B}bn\text{-}1 + \overline{A}B\overline{bn-1} + \overline{A}Bbn\text{-}1$$

$$= (\overline{A}\,\overline{B}+AB)bn\text{-}1 + \overline{A}B(bn\text{-}1+\overline{bn-1})$$

$$= (\overline{A}\,\overline{B}+AB)bn\text{-}1 + \overline{A}B$$

$$= (A\oplus B)bn\text{-}1 + \overline{A}B$$

6. 저항값 읽기

저항의 컬러코드를 읽을 때 대부분의 경우에는 조밀한 색대를 왼쪽에 두고 간격이 넓은 부분을 오른쪽으로 하여 왼쪽에서부터 색대를 판별한다. 저항기가 작거나 색이 확실치 않으면 디지털 멀티미터를 사용해서 측정한다.

일반적으로 4색대 저항을 사용하고 정밀용에만 5색대 저항을 사용한다.

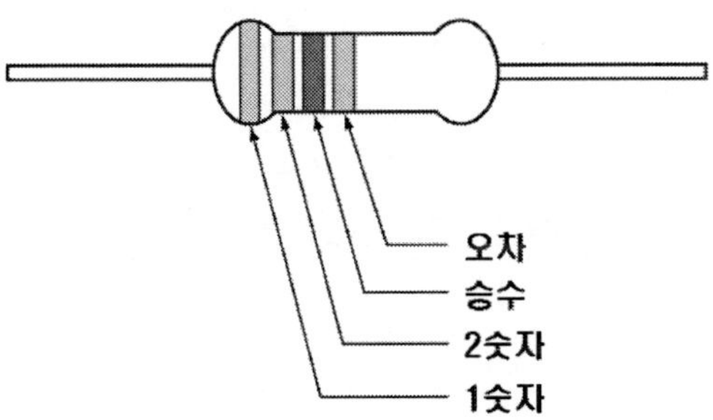

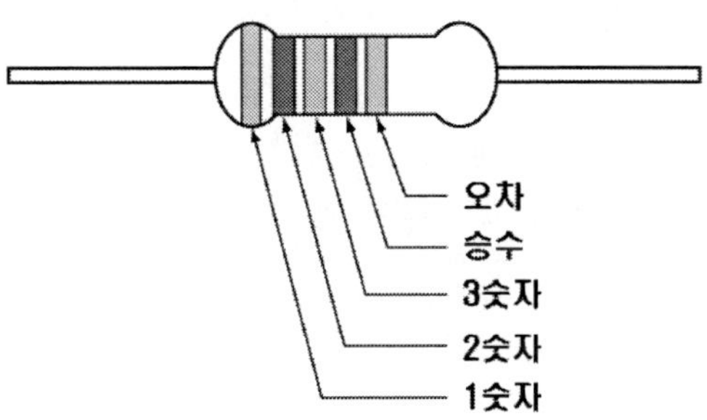

색	유효숫자	배수	허용오차
흑색	0	10^0	–
갈색	1	10^1	±1%
적색	2	10^2	±2%
등색	3	10^3	–
황색	4	10^4	–
녹색	5	10^5	–
청색	6	10^6	–
자색	7	10^7	–
회색	8	10^8	–
백색	9	10^9	–
금색	–	10^{-1}	±5%
은색	–	10^{-2}	±10%
무색	–	–	±20%

- 저항값 읽기 적용 예

4색띠 저항
주황색/ 노랑색/ 빨강색/ 금색

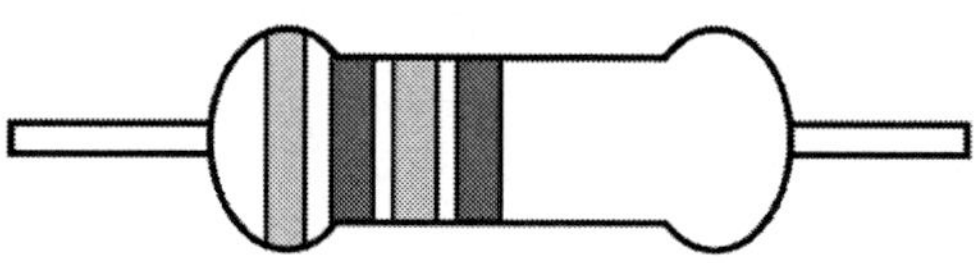

1색대 - 주황색 : 3
2색대 - 노랑색 : 4
3색대 - 빨강색 : 승수 10^2
4색대 - 금색 : 허용오차 ±5%(J)
3.4kΩ 허용 오차는 ±5%

5색띠 저항
갈색/ 주황색/ 노랑색/ 검정색/ 갈색

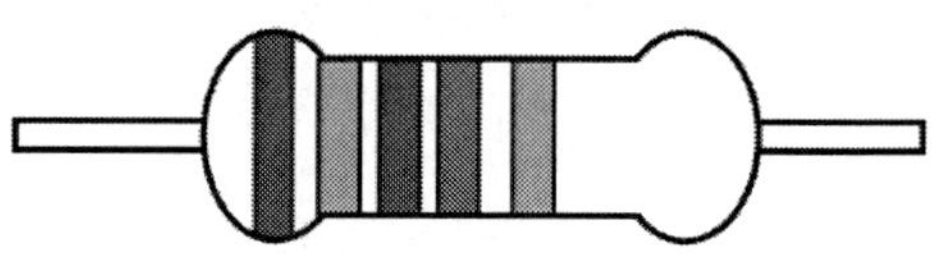

1색대 - 갈색 : 1
2색대 - 주황색 : 3
3색대 - 노랑색 : 4
4색대 - 검정색 : 10^0
5색대 - 갈색 : ±1%(F)
134Ω 허용 오차는 ±1%

6

펄스발생회로/채터링

Digital Circuit Practice

1. 펄스 발생회로

[실습목적]
멀티바이브레이터의 종류와 동작원리를 이해한다.
채터링의 이해와 회로를 이해한다.
TTL과 CMOS의 인터페이스 구성능력을 키운다.

[관계지식]

1.1 멀티바이브레이터

구형파(矩形波 : Square Wave)를 발생하는 회로를 멀티바이브레이터(Multivibrator)라고 한다. 종류로는 단안정(Monostable) 멀티바이브레이터와 비안정(Astable) 멀티바이브레이터가 있다.

단안정 멀티바이브레이터 : 트리거 펄스의 입력이 가해지면 펄스를 발생시키는 회로
비안정 멀티바이브레이터 : 전원이 투입되면 지속적으로 구형파를 발생시키는 회로

1.2 게이트 IC를 이용한 MV

TTL IC를 이용한 MV회로는 다양한 형태로 구성할 수 있으면 온도보상과 정교한 동작을 위해서는 조금 더 복잡회로 구성이 필요하다.

다음 NAND 게이트를 사용해서 비안정 멀티바이브레이터를 구성한 예이다.

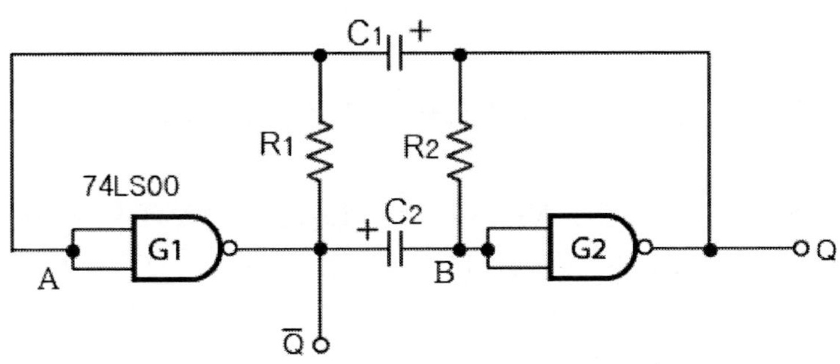

동작의 원리는 다음과 같다.

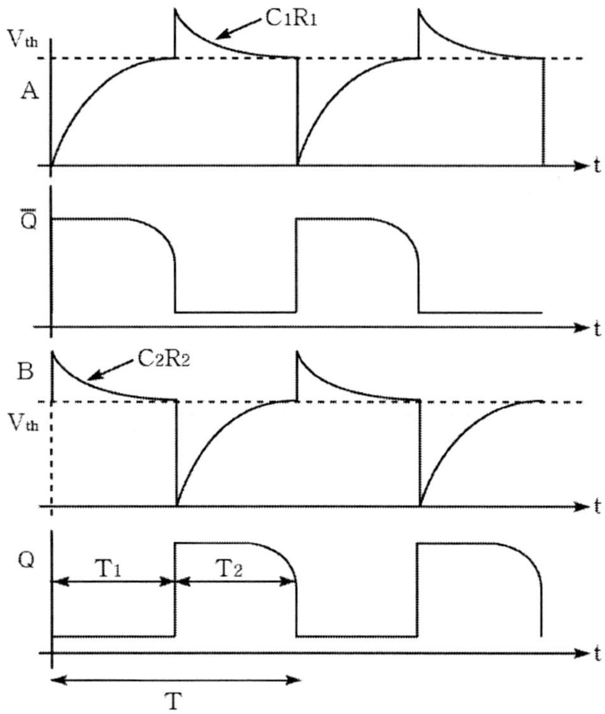

① Q=0, $\overline{Q}$=1이면 커패시터 C2는 R2를 통해서 충전이 이루어진다. 이때 충전되는 시간은 T1 = 0.693 C2R2(sec)의 시간으로 충전이 된다.
② C2의 충전전압으로 인해 B점의 전압이 Vth 이하로 내려가면 Q의 출력은 1이 된다.
③ Q = 1이되면 C1을 통해서 A점의 전압도 1이되고 G1의 출력 즉 $\overline{Q}$의 출력은 0이 된다.
④ C1은 R1을 통해서 충전된다. 이때 충전되는 시간은 T2 = 0.693 C1R1(sec)의 시간으로 충전이 된다.
⑤ 충전이 되는 동안에 A점의 전압이 Vth 이하로 내려가면 Q의 출력은 1이 된다.
⑥ 이러한 방법으로 반복되면서 구형파가 만들어진다.

T = T1 + T2 = 0.693(R1C1 + R2C2) sec
R = R1 = R2, C = C1 = C2 이라면, T = 1.4RC sec
주파수 f = 1/T = 0.7/RC Hz가 된다.

다음은 인버터를 이용한 비안정 멀티바이브레이터의 예를 나타낸 것이다.

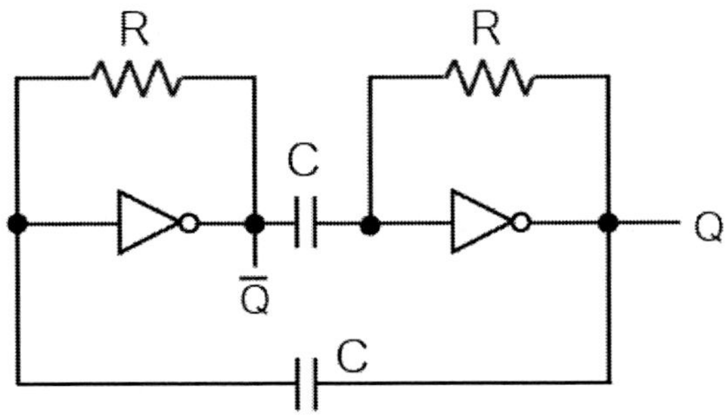

1.3 단안정 멀티바이브레이터

다음 NAND 게이트를 사용해서 단안정 멀티바이브레이터를 구성한 예이다.

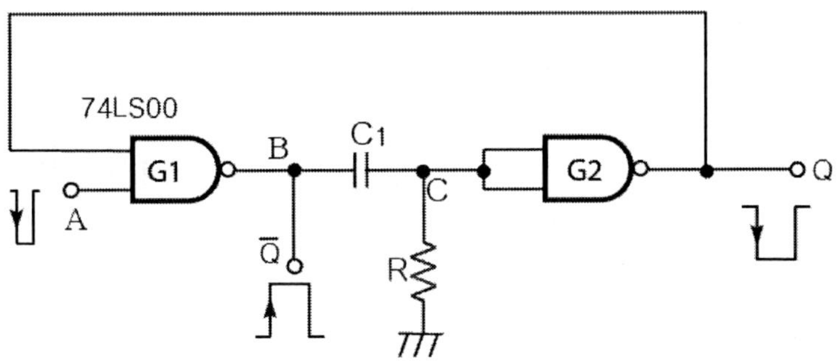

① 입력 A지점에 1 → 0 트리거 펄스를 입력하면 2입력중의 1개가 0이면 출력은 1이 된다. G1의 출력은 1이 되어서 C1에 충전이 시작된다. 이때 저항 R을 거쳐 충전이 된다.

② C지점은 초기에 1 상태이고 G2 출력은 0가 되어있다.

③ 충전이 되면서 C1지점은 Vth 이하로 내려가면 G2의 출력은 1이 된다.

④ G1의 입력은 1이되고 A지점도 1이되어 G1의 출력은 0이 된다.

⑤ 이러한 방법으로 1개의 트리거 펄스 입력에 따라 1개의 구형파 펄스가 만들어진다.

⑥ 출력 펄스폭은 트리거 입력 펄스폭과 관계없이 C1과 R값에 의해 결정이 된다. 주기 T = 0.7CR 이된다.

기 능	SN 74시리즈
단안정 멀티바이브레이터	74LS121
	74LS122
	74LS123

SN74LS123 (TOP VIEW)

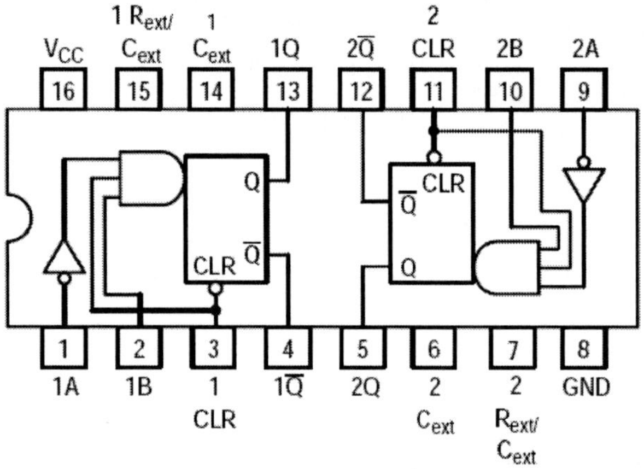

LS122 FUNCTIONAL TABLE

INPUTS					OUTPUTS	
CLEAR	A1	A2	B1	B2	Q	$\overline{Q}$
L	X	X	X	X	L	H
X	H	H	X	X	L	H
X	X	X	L	X	L	H
X	X	X	X	L	L	H
H	L	X	↑	H	⊓	⊔
H	L	X	H	↑	⊓	⊔
H	X	L	↑	H	⊓	⊔
H	X	L	H	↑	⊓	⊔
H	H	↓	H	H	⊓	⊔
H	↓	↓	H	H	⊓	⊔
H	↓	H	H	H	⊓	⊔
↑	L	X	H	H	⊓	⊔
↑	X	L	H	H	⊓	⊔

SN74LS122 (TOP VIEW)

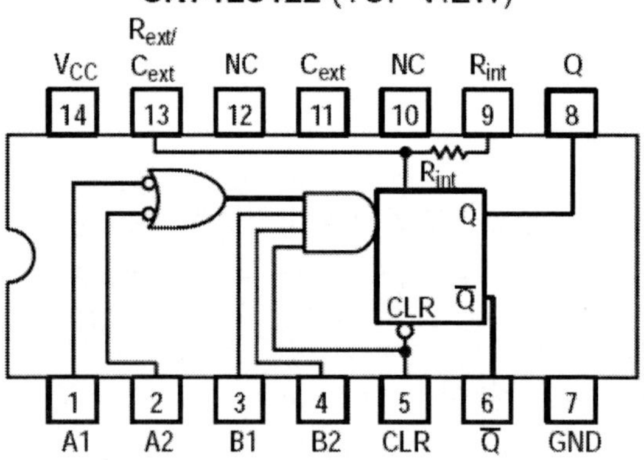

NC — NO INTERNAL CONNECTION.

LS123 FUNCTIONAL TABLE

INPUTS			OUTPUTS	
CLEAR	A	B	Q	Q
L	X	X	L	H
X	H	X	L	H
X	X	L	L	H
H	L	↑	⊓	⊔
H	↓	H	⊓	⊔
↑	L	H	⊓	⊔

2. 실습하기

실습장비및 공구	실습재료	규격	수량
직류전원공급기	IC	74LS00	1
테스터			
브레드보드			
공구세트			
오실로스코프	LED	적색	
	커패시터류	470uF	
	저항기류	100K, 330	

2-1. 다음은 74LS00 IC를 사용해서 비안정 멀티바이브레이터를 구성하였다.

① 브레드보드에 다음의 회로를 구성한다.
② Q지점에서의 파형을 오실로스코프를 사용해서 확인하고 파형을 그려 넣는다.
③ 계산식을 사용해서 주파수를 계산한것과 스코프에서 읽은 주파수와 주기를 비교해 본다.
④ R과 C값을 변경해서 ②, ③을 반복한다.

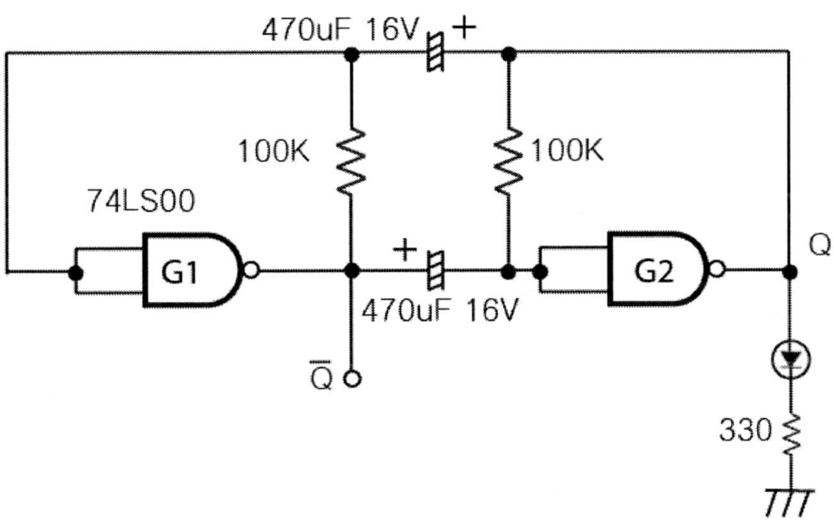

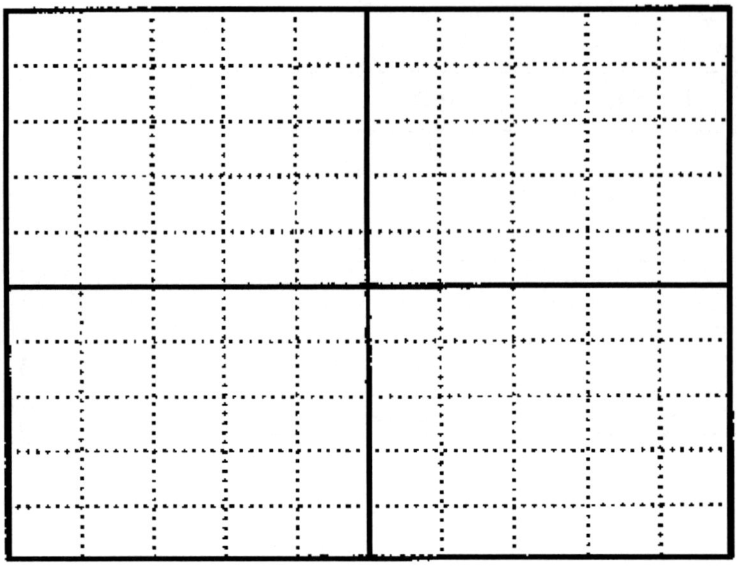

Time/div :
Volt/div :

주기 T=

주파수 f=

3. 타이머 IC를 사용한 멀티바이브레이터

NE555 IC는 단안정 및 비안정 멀티바이브레이터용으로 널리 사용되고 있는 IC이다. 사용전원의 범위도 5 ~ 15V이고 TTL, CMOS 회로 모두에 다용된다. 발진주기도 0.1Hz~ 1MHz로 범위가 넓고, 외부의 RC 시정수 소자를 연결해서 더 넓은 주기의 변화를 만들 수 있다.

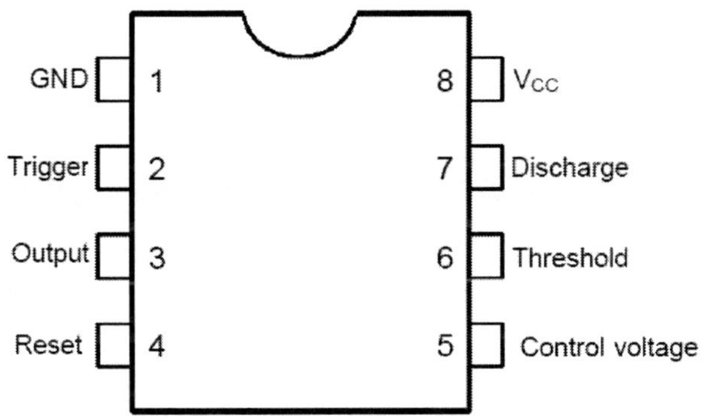

3.1 NE555를 이용한 비안정 멀티바이브레이터

다음은 NE555를 이용한 비안정 멀티바이브레이터의 일반적인 예를 나타내었다.

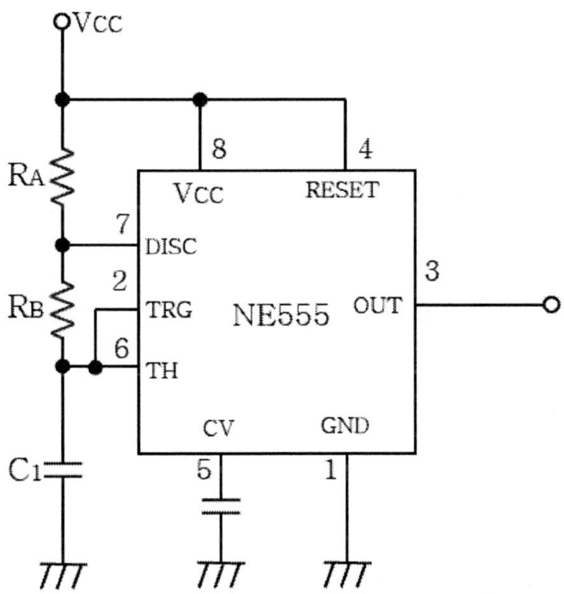

보편적으로 많이 사용되는 NE555의 설계조건은 다음과 같다.

① NE555의 발진주기는 T = T1 + T2 = 0.685(R_A + 2R_B) C_1

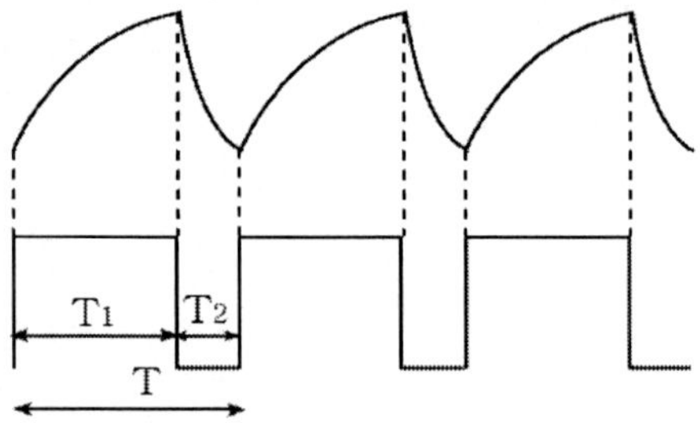

② 리셋단자를 사용하지 않을 경우 Vcc에 묶어둔다.

③ 출력은 RB보다 RA를 크게 할수록 구형파에 가까워지고 충전은 R_A+R_B를 통해서 T1시간 소요, 방전은 R_B를 통해서만 이루어진다. 듀티비가 50%이면 1, 0상태의 시간이 같다.

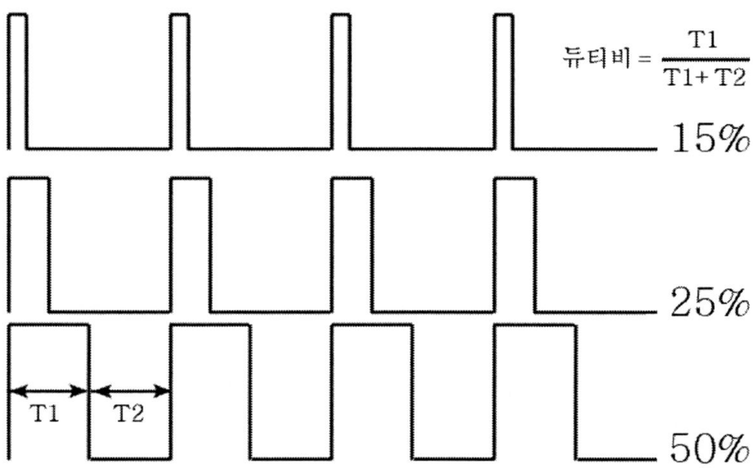

④ 설계조건은 R_A+R_B 값이 최대 3.3MΩ, 최소 1kΩ C1값 최소 500pF이다.

⑤ 다이오드를 이용하여 듀티비를 개선하는 다양한 회로도 있다.

3.2 NE555를 이용한 단안정 멀티바이브레이터

다음은 NE555를 이용한 단안정 멀티바이브레이터의 일반적인 예를 나타내었다.

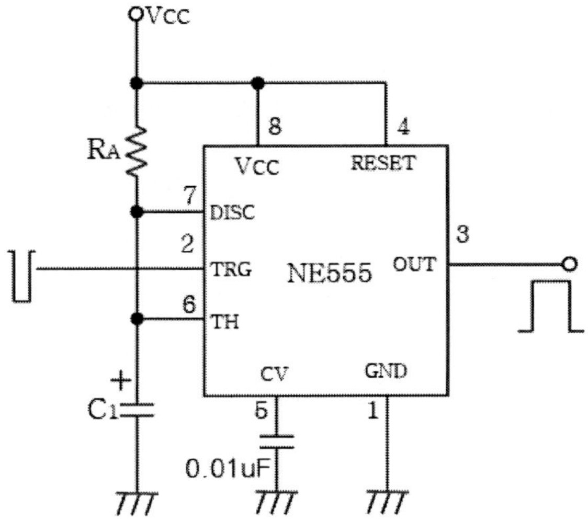

주기 및 주파수는 다음과 같다.

T = 1.1 RC (sec)

$$f = \frac{1}{T} = \frac{1}{1.1RC}$$

4. 실습하기

실습장비및 공구	실습재료	규격	수량
직류전원공급기	IC	NE555	1
테스터		2SC1815	1
브레드보드		2SC509	1
공구세트		소형스피커	1
오실로스코프	커패시터류	0.1, 0.01uF	
	저항기류	10M, 10K,1.5K,10	

4-1. 다음은 NE555 IC를 사용해서 비안정 멀티바이브레이터를 구성하였다.

① 브레드보드에 다음의 회로를 구성한다. 스피커에서 발진음이 나오는지 확인한다.
② 2SC1815 베이스 지점에서의 파형을 오실로스코프를 사용해서 확인하고 파형을 그려 넣는다.
③ 그리고 주기와 주파수를 읽어서 작성한다
④ R과 C값을 변경해서 ②, ③을 반복한다.

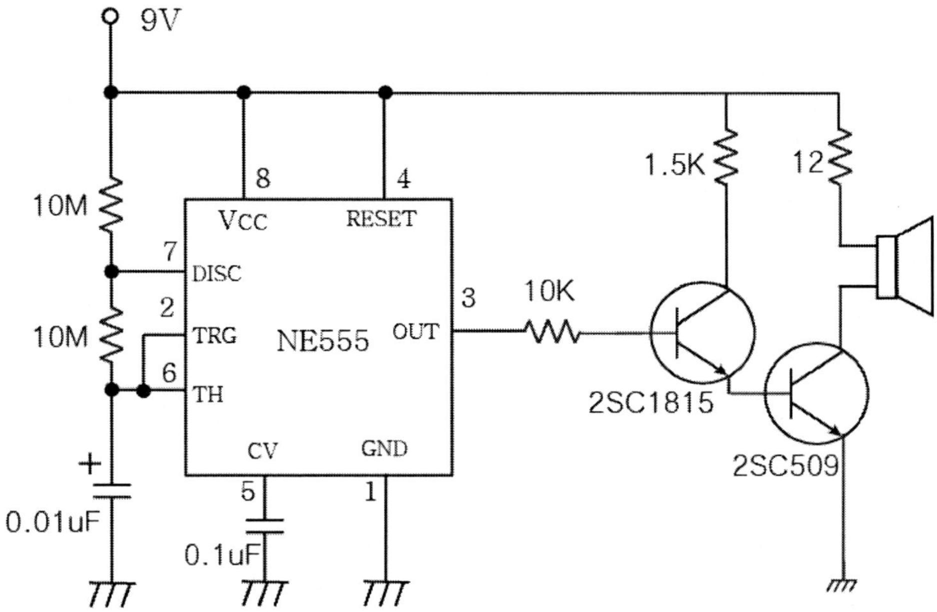

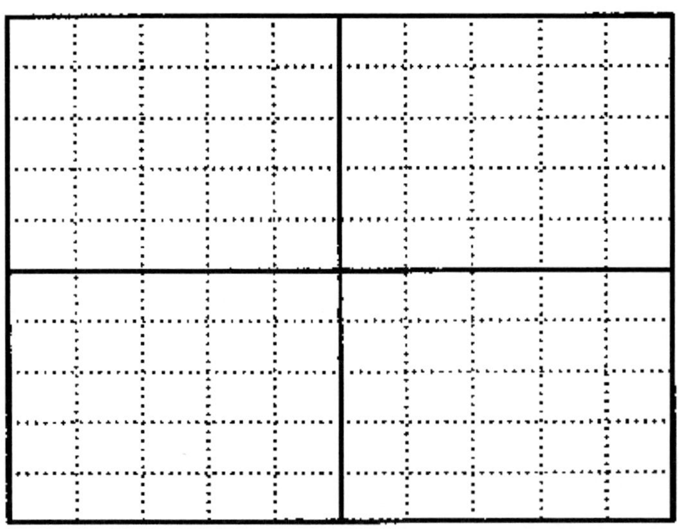

Time/div :
Volt/div :

주기 T=

주파수 f=

7

D/RS/JK/T 플립플롭

Digital Circuit Practice

1. 플립플롭(FLIP-FLOP)

[실습목적]
RS, D, JK, T 플립플롭의 동작을 이해하고 사용법을 익힌다.

[관계지식]

1.1 순서논리회로

조합논리회로(Combinational Logic Circuit)는 현재 입력상태의 조합에 의해 출력이 결정된다. 그러나 순서논리회로(Sequential Logic Circuit)는 현재의 입력상태 조합과 현재의 출력상태에 의해 결정된다. 따라서 현재의 출력상태를 저장하는 기능이 필요하며 많이 사용되는 방식이 래치(Latch)와 플립플롭(Flip-Flop)이 있다.

외부로부터 주어지는 입력에 따라서 출력이 0 혹은 1 상태를 결정하는 회로를 플립플롭이라고 한다. 순서회로에서 플립플롭은 가장기본이 되는 회로이다.

플립플롭은 클럭의 변화에 따라 상태 및 출력이 변하는 플립플롭과 클럭 펄스(Clock Pulse: CP, CK)를 사용하지 않고 입력이 변하면 출력이 변하는 래치회로가 있다.

1.2 Latch

래치는 하나 이상의 비트들을 저장하기 위한 디지털 논리회로이다. 다음의 회로는 래치 기능을 가지는 회로이다. D신호가 두 개의 인버터를 거치면서 $\overline{Q}$와 Q가된다. SW1을 Off, sw2를 On하면 입력신호 D가 개방되어 있어도 Q와 $\overline{Q}$의 출력상태는 유지된다. 즉 D 입력상태를 Q 출력으로 기억하고 유지하게 되는 것으로 이러한 기능을 래치라고 한다.

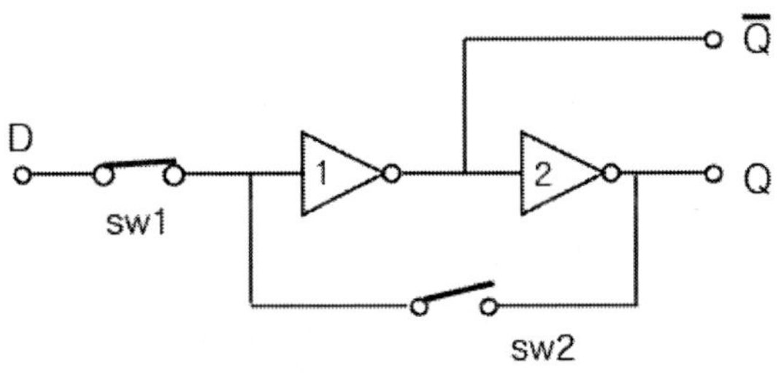

그리고 임의의 순간을 지정하기 위해 래치 신호(Latch Signal)가 사용되며 스트로브 신호(Strobe Signal)를 사용하여 정확하게 동작하도록 타이밍을 맞춘다.

1.3 RS 플립플롭

다음은 NOR게이트로 구성된 RS 플립플롭회로이다. R(Reset: 0) 입력과 S(Set:: 1) 입력의 상태에 따라 출력이 결정된다. 출력 Q와 $\overline{Q}$는 보수의 관계이다.

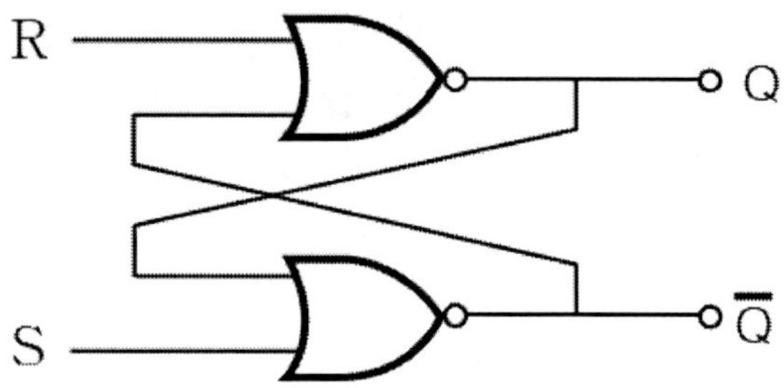

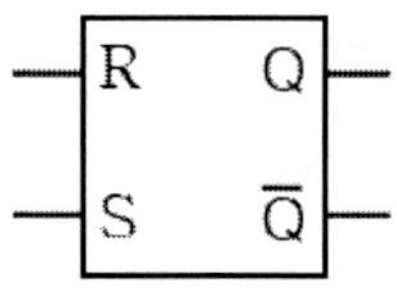

RS 플립플롭 논리기호

① R=1, S=0 : 게이트1의 출력 Q=0가 되고 게이트2의 입력이 되어 $\overline{Q}$=1이된다.
② R=0, S=0 : 게이트1의 출력 $\overline{Q}$=1이 게이트1의 입력이 되어 Q=0이 되어 출력이 변하지 않는다.
③ R=0, S=1 : 게이트2의 출력 $\overline{Q}$=0이 되고 게이트1의 입력이 되어 Q=1이 된다.
④ R=1, S=1 : Q와 $\overline{Q}$ 모두 0이 되어 플립플롭의 조건에 위반되므로 사용하지 않는다.

입 력		출 력	비고
R	S		
0	0	Qn	이전상태 유지
0	1	1	셋
1	0	0	리셋
1	1	금지	금지

다음은 NAND 게이트를 이용한 RS 플립플롭 회로이다.
다음은 동기식 RS 플립플롭회로이다. R과 S입력이 클락펄스가 0의 상태에서는 두 개의 AND게이트의 출력이 0이되고 따라서 Q의 출력은 Qn이되어 이전상태가 유

지된다.

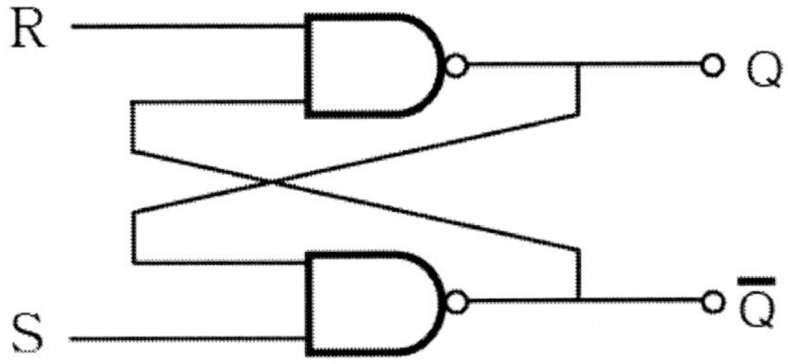

입 력		출 력
R	S	
0	0	금지
0	1	1
1	0	0
1	1	Qn

그리고 클락 펄스가 1이 되면 이때 R과 S입력 값에 따라 다음의 출력상태가 결정이 된다. 그러니까 클락 펄스가 0에서 1로 되는 순간과 시간을 맞추어 입력의 값이 출력으로 변환되어 나타난다.

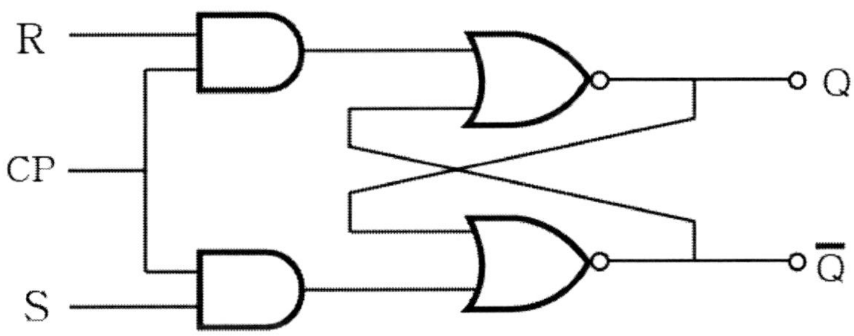

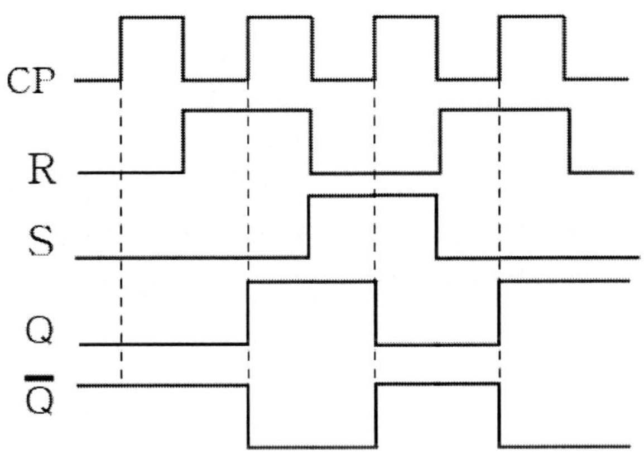

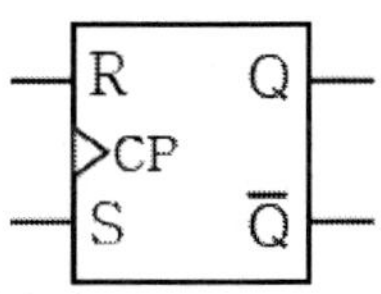

동기식RS 플립플롭 논리기호

다음은 일반적으로 사용되는 S-R Latch IC를 나타낸 것이다.

기 능	SN 74시리즈	CMOS	CMOS(고속)
R-S Latch	74LS279	4043 4044	

Connection Diagram

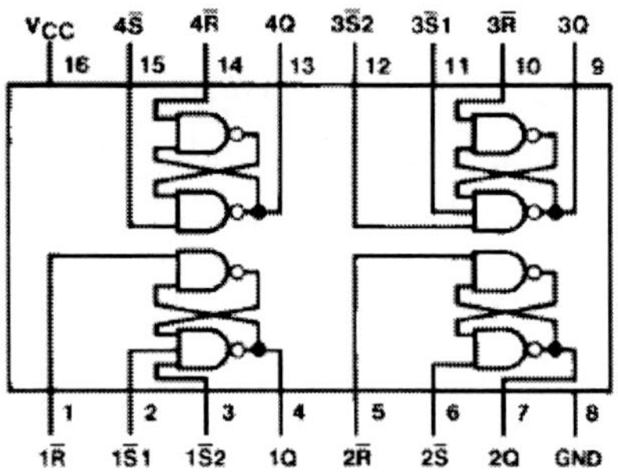

Function Table

Inputs		Output
S̄ (Note 1)	R̄	Q
L	L	H (Note 2)
L	H	H
H	L	L
H	H	Q_0

1.4 D 플립플롭

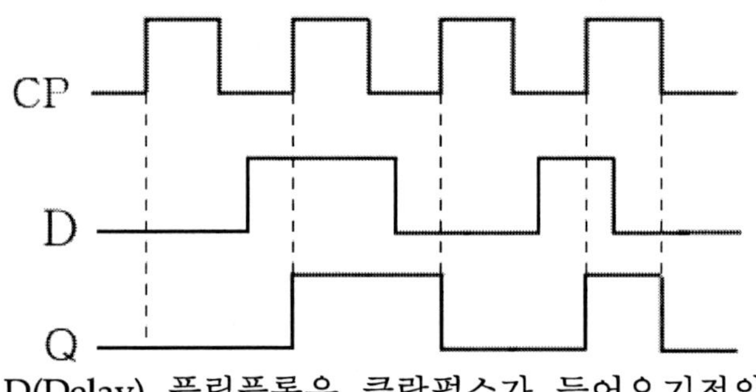

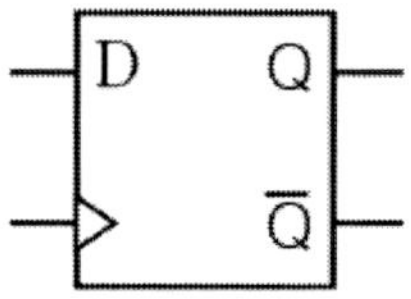

동기식D 플립플롭 논리기호

D(Delay) 플립플롭은 클락펄스가 들어오기전의 상태가 다음 펄스가 들어오면 출력으로 나타난다. 즉 1개의 클락 펄스 만큼 지연되어서 나타나게 된다. 다음의 D 플립플롭은 정에지(0 → 1)에서 동작하는 타이밍도와 동작 상태를 나타내었다.

CP	D	Q(t+1)
0	×	Qt
1 ↑	0	0
1 ↑	1	1

다음은 일반적으로 사용되는 D-FF IC를 나타낸 것이다.

기 능	SN 74시리즈	CMOS	CMOS(고속)
D FF	74LS74A	4013	74HC74
	74LS174	4174	74HC174
	74LS175	4175	74HC175

1.5 T 플립플롭

T(Toggle) 플립플롭은 클락 펄스가 들어올 때마다 현재의 출력상태를 반전하는 플립플롭이다. 다음은 정에지(0 → 1)에서 동작하는 타이밍도와 동작 상태를 나타내었다.

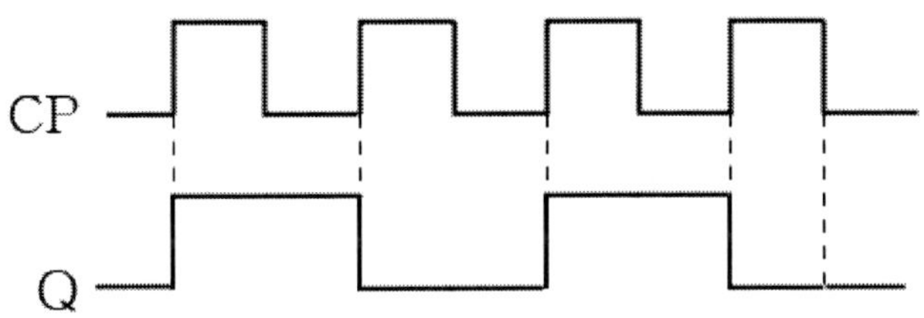

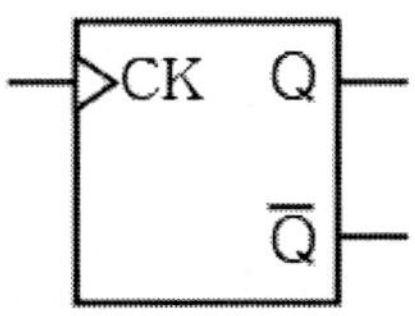

T 플립플롭 논리기호

tn	tn+1
T	Q
0	Qn
1	$\overline{Qn}$

1.6 J-K 플립플롭

J-K 플립플롭은 아래의 진리표와 같이 J=0, K=1의 상태에서 클락펄스가 들어오면 출력이 0, J=1, K=0이면 출력이 1, J=1, K=1이면 이정상태의 출력이 반전되고, J=0, K=0이면 출력이 변화되지 않고 이전상태를 유지한다.

그리고 J-K 플립플롭에서 J=1, K=1을 입력하고 클락 펄스를 입력하면 T 플립플롭으로 동작하게 된다. J-K 플립플롭을 D 플립플롭으로 사용할 수 도 있다.

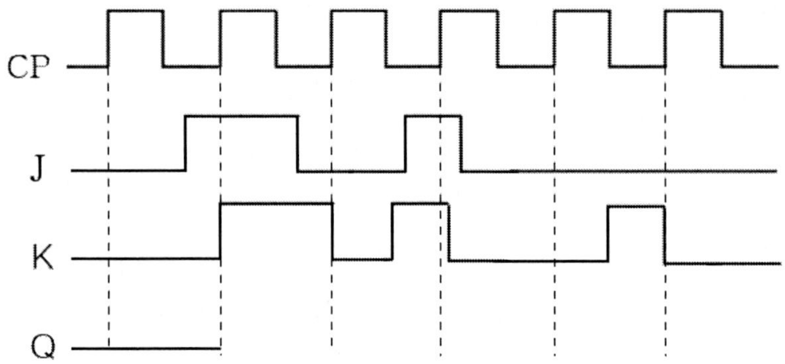

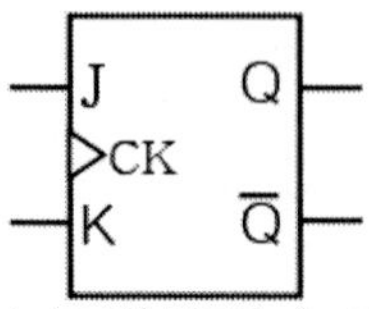

JK 플립플롭 논리기호

tn		tn+1
J	K	Q
0	0	Qn
0	1	0
1	0	1
1	1	$\overline{Qn}$

다음은 일반적으로 사용되는 JK-FF IC를 나타낸 것이다.

기 능	SN 74시리즈	CMOS	CMOS(고속)
J-K FF	74LS73A	4027	74HC73
	74LS76A		74HC76
	74LS107A		74HC107
	74LS109A		

다음은 J-K 플립플롭의 내부 구성도를 나타낸 것이다.

LOGIC DIAGRAM

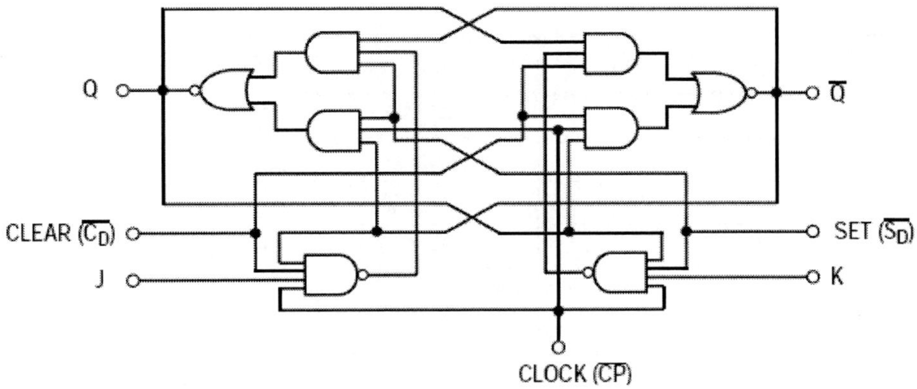

2. 실습하기

실습장비및 공구	실습재료	규격	수량
직류전원공급기	IC	74LS00	1
테스터		74LS02	1
브레드보드		74LS74	1
공구세트		74LS76	1
	LED	적색	
	PB스위치	a접점	3
	저항기류	1K, 330	

2-1. 다음은 7400 IC를 사용해서 RS 플립플롭을 구성하였다. 브레드보드에 회로를 구성하고 입력단 R, S에 각각의 입력을 설정하고 확인하고 표를 작성하시오.

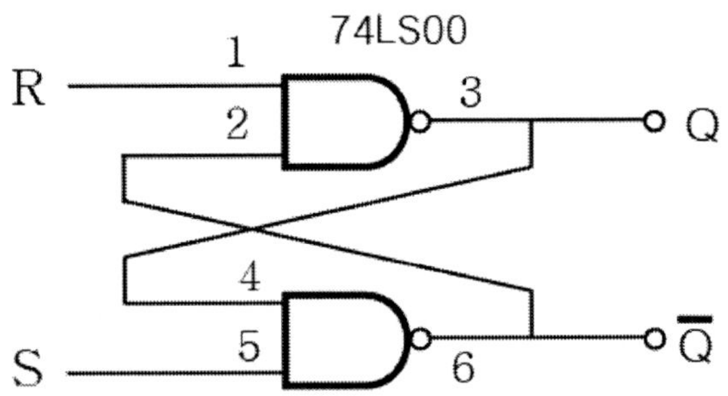

입 력		출 력
R	S	
0	0	
0	1	
1	0	
1	1	

2-2. 다음은 7400, 7402 IC를 사용해서 동기식 RS 플립플롭을 구성하였다. 브레드보드에 회로를 구성하고 입력단 R, S에 각각의 입력을 설정하고 확인하고 표를 작성하시오.

스위치를 누르기 전에는 NAND 게이트에 0이 입력되어 Q 값은 Qn이 되어 이전상태의 값이 유지된다. 그리고 버튼을 누르면 1이 NAND 게이트에 입력되어 R, S 값이 NAND 게이트의 출력으로 전달된다.

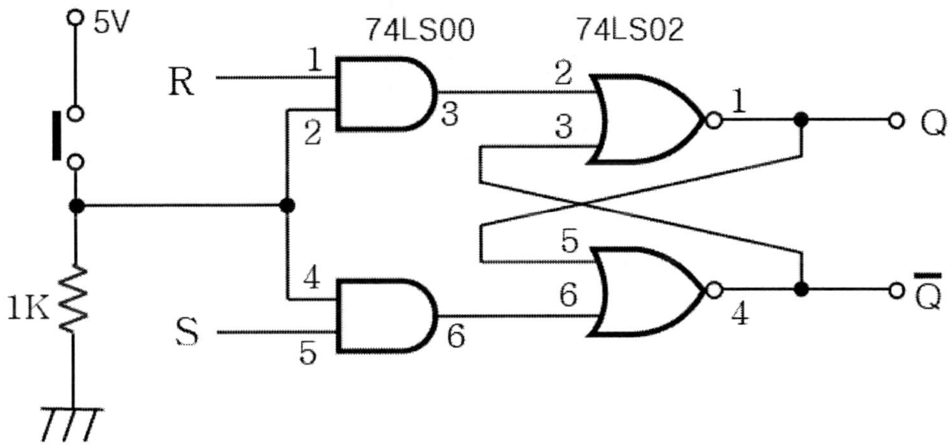

입 력			출 력
CLK	R	S	
0 → 1 ↑	0	0	
0 → 1 ↑	0	1	
0 → 1 ↑	1	0	
0 → 1 ↑	1	1	

2-3 다음은 D 플립플롭 IC 7474의 핀 접속도를 나타낸 것이다. 브레드보드에 회로를 구성하고 입력단에 각각의 입력을 설정해서 버턴 스위치를 이용해서 클록 펄스를 입력하여 출력을 측정하시오.

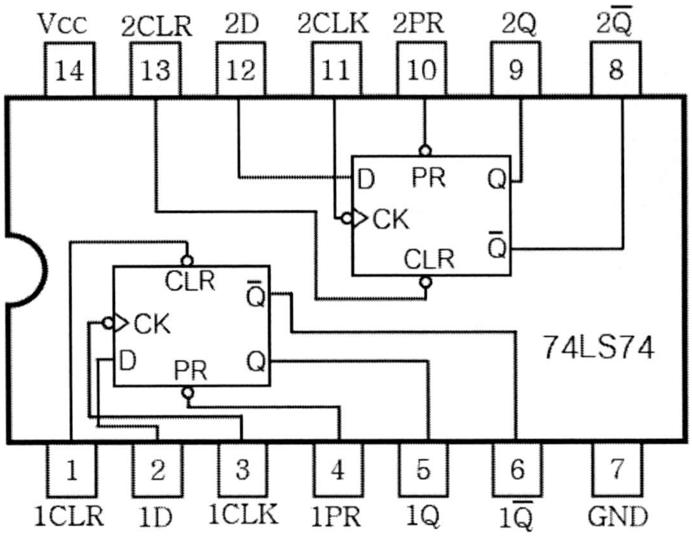

스위치를 눌렀다가 놓으면 1 → 0으로 변하는 클락 펄스가 인버터를 지나면서 0 → 1로 변하는 클락 펄스가 만들어진다.

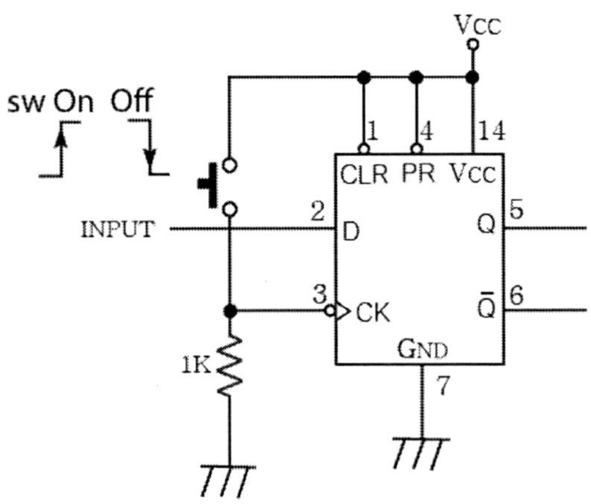

CP	D	Q(t+1)
0	×	Qt
1 ↑	0	
1 ↑	1	

2-4 다음은 J-K 플립플롭 IC 7476의 핀 접속도를 나타낸 것이다. 참고해서 실습 회

로를 브레드보드에 구성하고 입력단에 각각의 입력을 설정해서 버턴 스위치를 이용 클록 펄스를 입력하여 출력을 측정하시오.

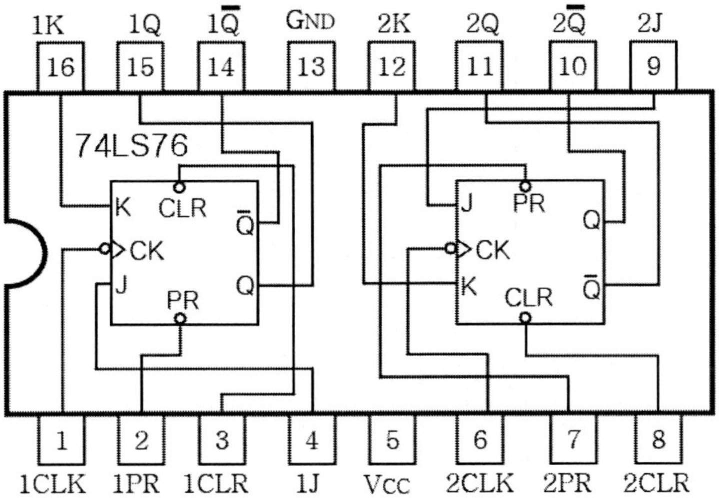

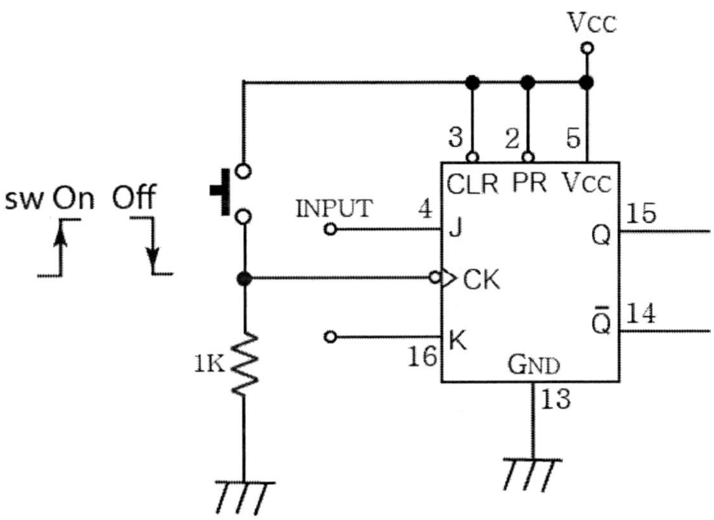

다음의 회로에서 PB 스위치를 눌렀다가 놓으면 1 → 0으로 변하는 클락 펄스가 인버터를 지나면서 0 → 1로 변하는 클락 펄스가 만들어진다.

입 력			출 력
CP	J	K	Q
1 → 0 ↓	0	0	
1 → 0 ↓	0	1	
1 → 0 ↓	1	0	
1 → 0 ↓	1	1	

2-5 다음은 J-K 플립플롭을 T 플립플롭으로 동작시키기 위한 회로도이다. 참고해서 실습 회로를 브레드보드에 구성하고 입력단에 각각의 입력을 설정해서 버턴 스위치를 이용 클록 펄스를 입력하여 출력을 측정하시오.

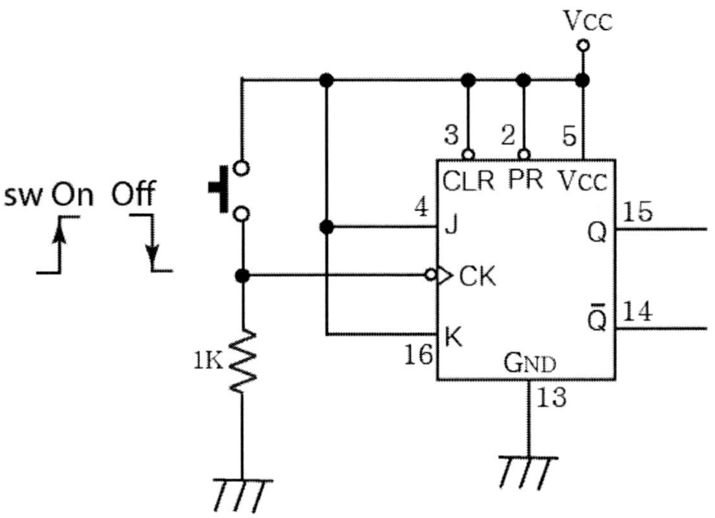

tn	tn+1
T	Q
0	
1	

8

레지스터/카운터

Digital Circuit Practice

1. 시프트 레지스터(Shift Register)

[실습목적]
시프터 레지스터를 이해한다.
비동기 카운터와 카운터의 설계를 학습한다.
동기 카운터의 동작원리를 이해한다.

[관계지식]

1.1 레지스터

데이터를 일시적으로 기억하는 회로를 레지스터(Register)라고 한다. 마이크로프로세서, CPU 등이 사용되는 디지털 회로에서는 데이터를 일시적으로 저장하기위해 레지스터를 사용한다. 복잡하고 빠른 계산을 위해 일시적으로 사용하는 메모지와 같은 역할을 한다. 대표적으로 플립플롭을 이용해서 레지스터 기능을 수행하게 된다.

1.2 시프트 레지스터

레지스터용으로 사용되는 플립플롭을 연결하여 데이터를 저장 혹은 전송하는 기능으로 사용된다.

그리고 데이터의 입출력 방법에 따라 직렬입력-직렬출력(SISO), 직렬입력-병렬출력(SIPO), 병렬입력-직렬출력(PSISO), 병렬입력-병렬출력(PIPO)의 4가지 형태가 있고 데이터의 이동 방식에 따라 좌측 시프터레지스터, 우측 시프터레지스터, 양방향 시프터 레지스터가 있다.

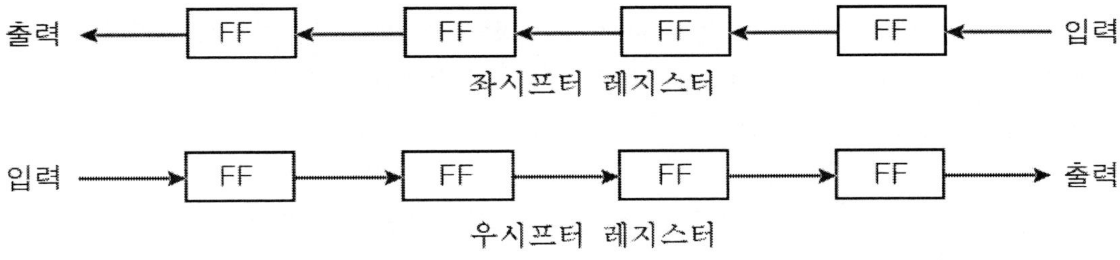

좌시프터 레지스터

우시프터 레지스터

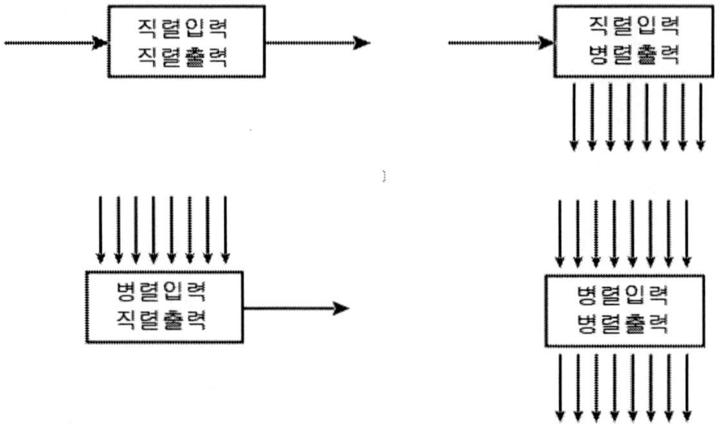

다음은 D플립플롭을 이용하여 우측 시프터레지스터를 구성한 회로이다. 초기에는 모든 출력이 0이 되고 직렬 입력신호가 1이 공급된 상태에서 클락펄스의 1번 하강에지에서 입력신호 1이 1번 D플립플롭의 출력 Q에 1이 나타난다.

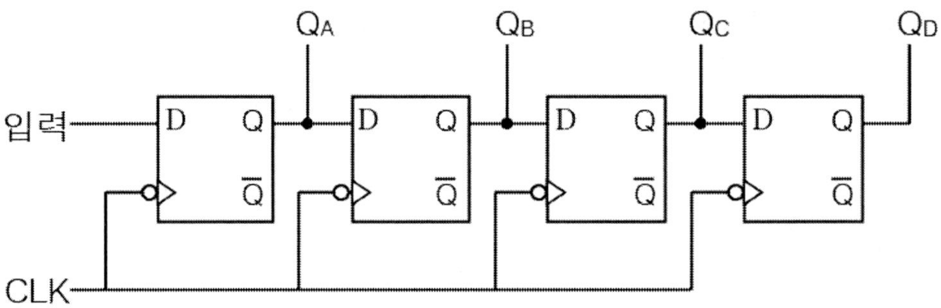

이것이 2번 D플립플롭의 입력이 되어 다음 하강에지에서 출력으로 나오고 3번 D 플립플롭의 입력이 된다. 이러한 방법으로 1 클락 펄스만큼 지연되어 우측으로 시프트 되면서 입력 데이터가 이동한다.

출력을 QD에서만 취하게 되면 직렬출력이 된다. 다음은 우측시프트의 동작을 나타낸 타이밍도이다.

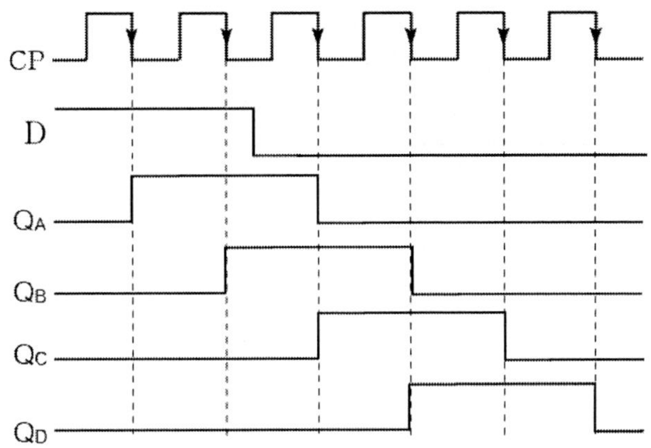

다음은 J-K플립플롭을 이용하여 좌측 시프터 레지스터를 구성한 회로이다. 1번 J-K플립플롭의 JDP 입력되는 신호는 반전되어 K에 입력된다. 따라서 JK=1, JK=0의 상태는 없고 1, 0의 상태로 동작하게 된다.

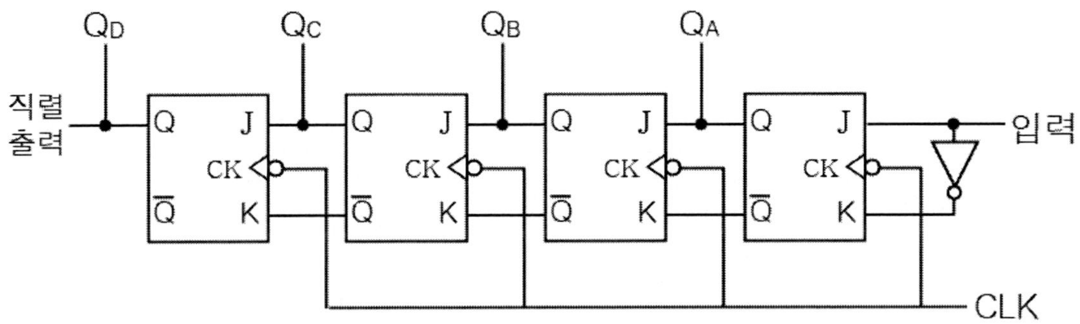

타이밍도는 위의 D 플립플롭을 이용한 우측 시프터레지스터를 참고하면 되겠다. 다음은 일반적으로 사용되는 시프터 레지스터용 IC를 나타낸 것이다.

IC	비트	입력	출력	트리거 에지
74LS91	8	직렬	직렬	정
74LS95	4	직렬,병렬	직렬,병렬	부
74LS164	8	직렬	병렬	정
74LS165	8	직렬,병렬	직렬	정
74LS175	4	병렬	병렬	정
74LS195	4	직렬,병렬	직렬,병렬	정

2. 실습하기

실습장비및 공구	실습재료	규격	수량
직류전원공급기	IC	74LS74	1
테스터			
브레드보드			
공구세트			
	LED	적색	
	PB스위치	a접점	3
	저항기류	4.7K, 330	

2-1. 다음은 74LS74 Dual D플립플롭 IC를 사용해서 4Bit 우측 시프터 레지스터를 구성하였다.

① 브레드보드에 회로를 구성한다.
② 입력에 0 혹은 1을 설정한다.
③ 클락펄스 발생용 버턴 스위치를 이용해서 펄스를 발생시킨다.
④ 펄스가 발생할 때마다 데이터가 우측으로 이동하는지 확인한다.

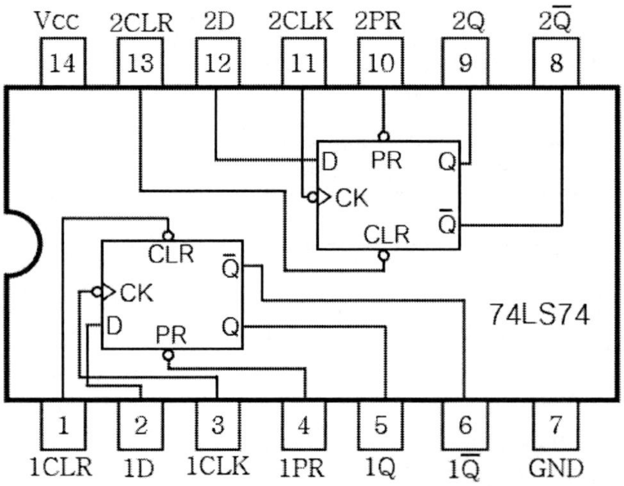

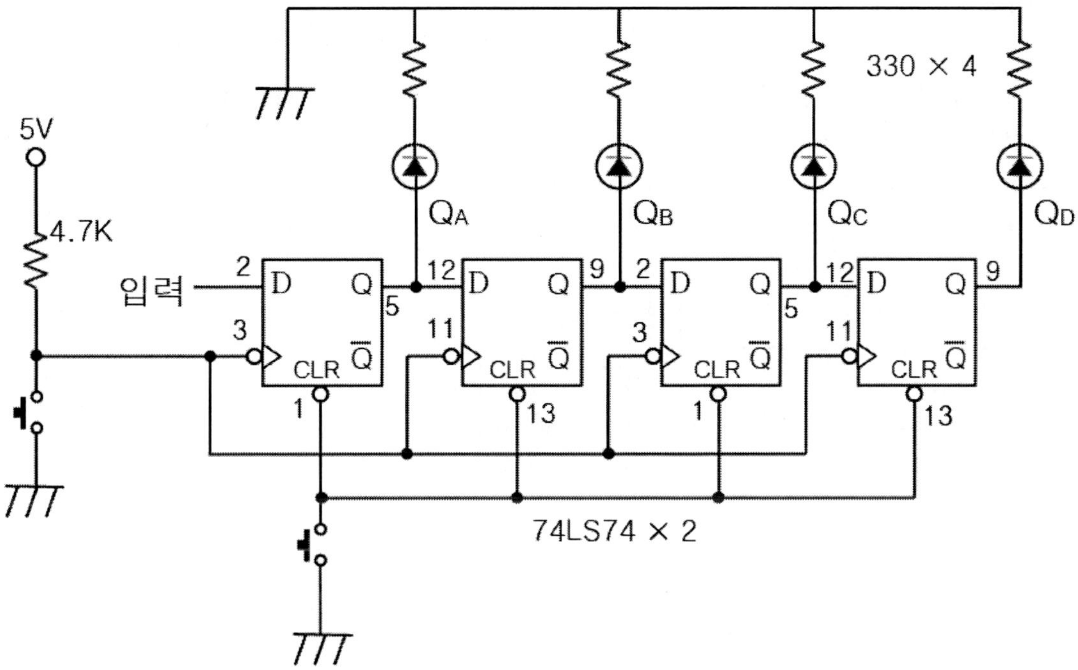

330 × 4
5V
4.7K
입력
QA
QB
QC
QD
D
Q
CLR
74LS74 × 2

3. 비동기 카운터

카운터는 비동기 카운터와 동기카운터가 있다. 비동기 카운터는 앞단의 출력이 뒷단의 입력에 순차적으로 영향을 주는 방식으로 리플 카운터(Ripple Counter)라고도 한다. 다음은 2진 Up 카운터를 J-K 플립플롭을 T 플립플롭으로 설정하여 000 ~ 111까지 카운터하는 비동기 카운터이다.

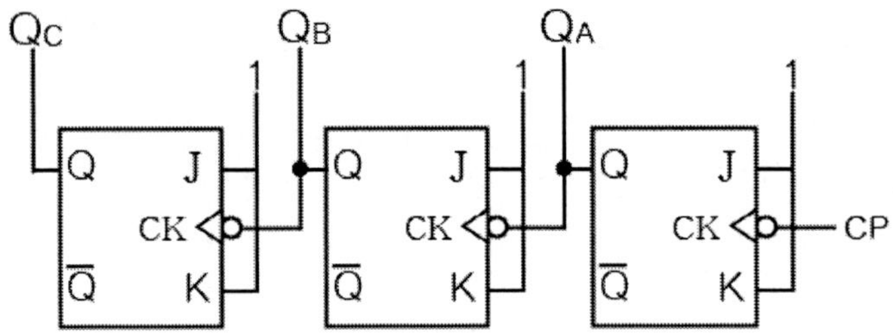

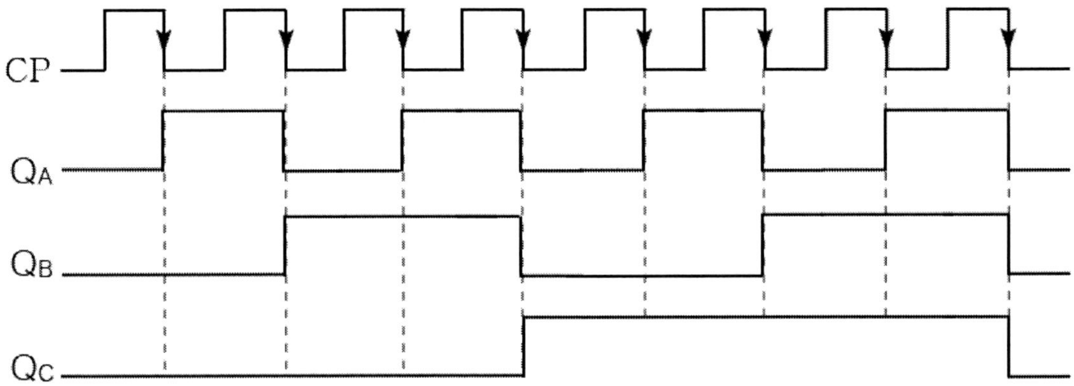

입 력	출 력		
클락펄스 수	QC	QB	QA
0	0	0	0
1	0	0	1
2	0	1	0
3	0	1	1
4	1	0	0
5	1	0	1
6	1	1	0
7	1	1	1

3.1 비동기 다운 카운터

비동기 2진 Up 카운터를 조금만 변형하여 Down 카운터로 만들 수 있다. 전단의 $\overline{Q}$ 출력을 다음단의 클락으로 입력하면 다운 카운터로 동작하도록 구현할 수가 있다. 다음의 논리회로는 8진 하향카운터를 나타내었다.

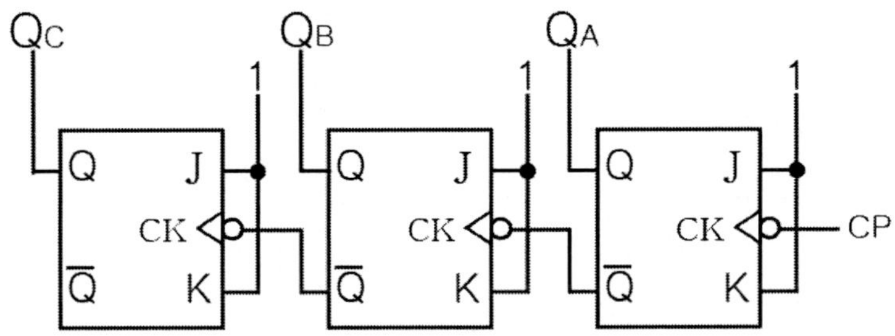

다음은 타이밍도와 진리표를 나타내었다.

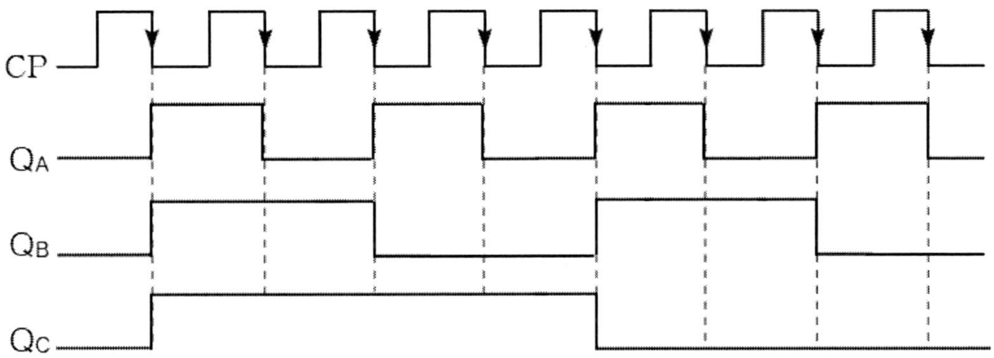

입 력	출 력		
클락펄스 수	QC	QB	QA
0	1	1	1
1	1	1	0
2	1	0	1
3	1	0	0
4	0	1	1
5	0	1	0
6	0	0	1
7	0	0	0

3.2 비동기 5진 카운터 설계

J-K 플립플롭 3개를 사용하면 000에서 111까지 8진 카운터로 동작할 수가 있다. 그러나 필요에 따라 5진 카운터, 6진 카운터, 7진 카운터로 구성해야 할 경우를 감안하여 5진 카운터를 설계해보자. 5진 카운터는 000에서 100까지 즉 0에서 4까지 동작하는 것으로 3개의 J-K플립플롭이 필요하다.

그리고 다음과 같은 진리표가 필요하게 된다.

입 력	출 력		
클락펄스 수	Q_C	Q_B	Q_A
0	1	1	1
1	1	1	0
2	1	0	1
3	1	0	0
4	0	1	1
0	0	0	0

0, 1, 2, 3, 4까지 카운터 한 후에 0으로 돌아가야 한다. 이러한 경우 각 플립플롭을 Reset하는 것으로 해결이 가능하며 각 플립플롭의 기능을 가지고 있는 IC에는 Clear 단자가 있어 이것을 가능하게 한다.

그래서 5가되는 순간 즉 101이 되는 순간의 조건에 각 플립플롭을 Reset하기위해서 3입력 NAND 게이트를 사용해서 각 플립플롭을 Reset 한다.

다음은 3개의 플립플롭을 사용해서 5진 카운터, 6진 카운터, 7진 카운터로 구성해야 할 경우 플립플롭을 Reset 하기위해 구성한 회로이다.

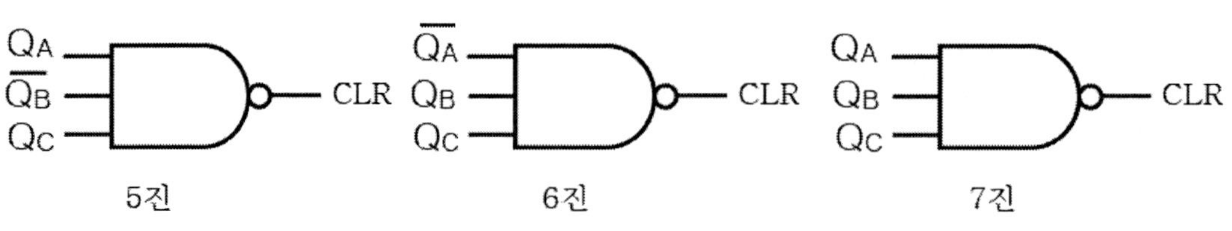

그리고 다음의 논리회로는 5진 카운터로 동작하기 위해 구성한 논리회로이다.

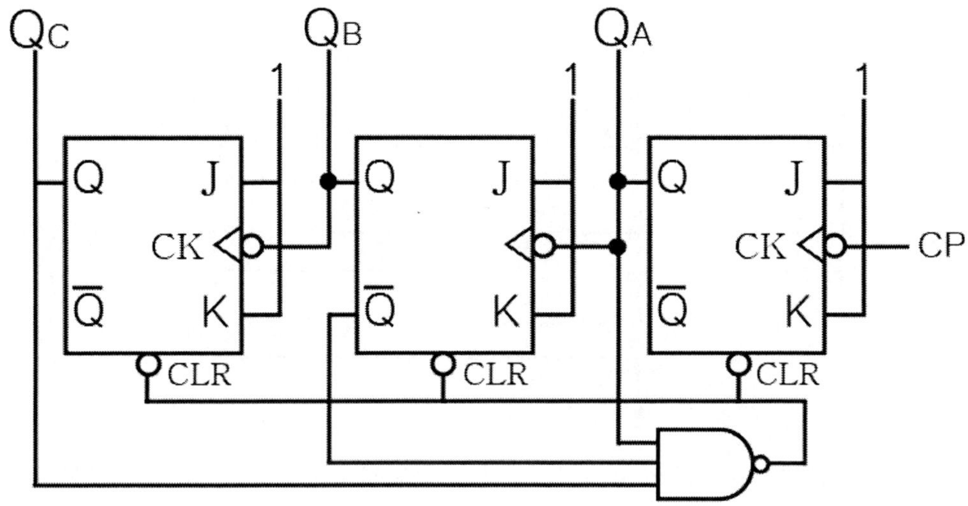

3.3 동기카운터

비동기카운터는 앞단의 출력이 다음단의 클락 펄스로 사용되기 때문에 동작주파수에 영향을 받을 수밖에 없다. 이러한 이유로 정확한 동기가 이루어지지 못한다. 동기식 카운터는 각각의 플립플롭에 클락 펄스를 동시에 공급하는 방식으로 동작하기 때문에 각단의 출력변화가 동시에 발생하게 되어 동작 속도가 빠르게 되어 고속카운터에 사용된다.

입 력	출 력		
클락펄스 수	QC	QB	QA
0	0	0	0
1	0	0	1
2	0	1	0
3	0	1	1
4	1	0	0
5	1	0	1
6	1	1	0
7	1	1	1

다음은 8진 카운터의 타이밍도이다.

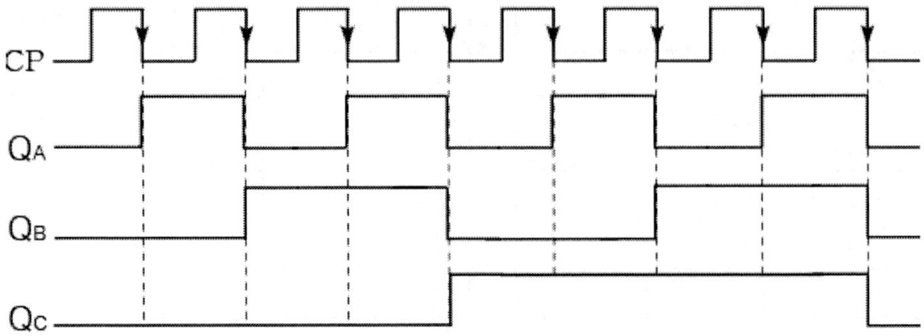

동기식으로 동작하기위한 각 플립플롭단의 규칙을 살펴보고 논리회로를 설계해본다.

① Q_A : Q_A출력은 클락 펄스의 하강구간에서 이전상태를 반전한다. 즉 T-FF처럼 동작하게 한다. J = 1, K = 1로 설정한다.

② Q_B : Q_B출력은 Q_A의 출력이 1이고 클락의 하강에지에서 현재 상태를 반전한다.(Toggle) J = Q_A , K = Q_A 로 연결하고 클럭 펄스는 동시에 인가한다.

③ Q_C : Q_C출력은 Q_A의 출력과 Q_B의 출력이 동시에 1이고 클락의 하강에지에서 현재 상태를 반전한다. 따라서 Q_A, Q_B의 출력을 AND로 묶어서 입력 J, K에 DUJSRUF 하고 클럭 펄스는 동시에 입력되도록 연결한다.

다음은 이러한 규칙에 따라 설계한 8진 동기식 UP카운터 논리회로이다.

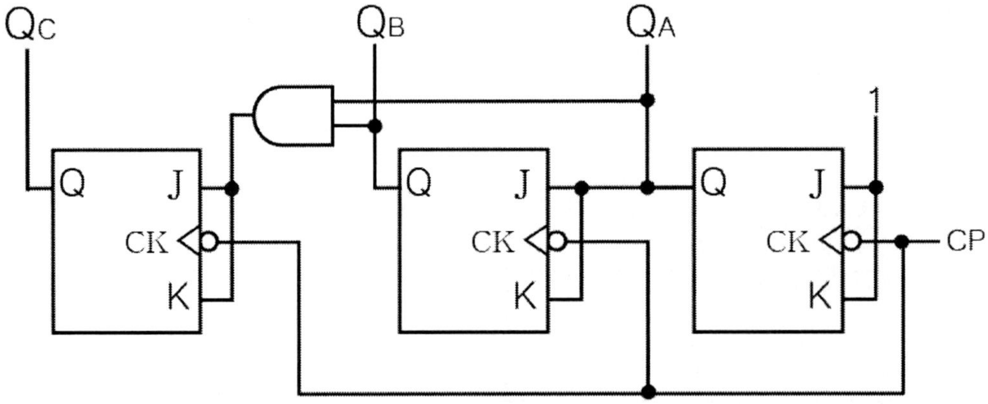

4. 실습하기

실습장비및 공구	실습재료	규격	수량
직류전원공급기	IC	74LS76	2
테스터			
브레드보드			
공구세트			
	LED	적색	
	PB스위치	a접점	1
	저항기류	4.7K, 330	

4-1. 다음은 74LS76 Dual J-K 플립플롭 IC를 사용해서 8진 UP 카운터를 구성하였다.

① 브레드보드에 회로를 구성한다.
② 클락펄스 발생용 버턴 스위치를 이용해서 펄스를 발생시킨다.
③ 펄스가 발생할 때마다 LED로 UP 카운터가 되는지 확인한다.
④ 111(7)이후 카운터가 어떻게 되는지 확인한다.

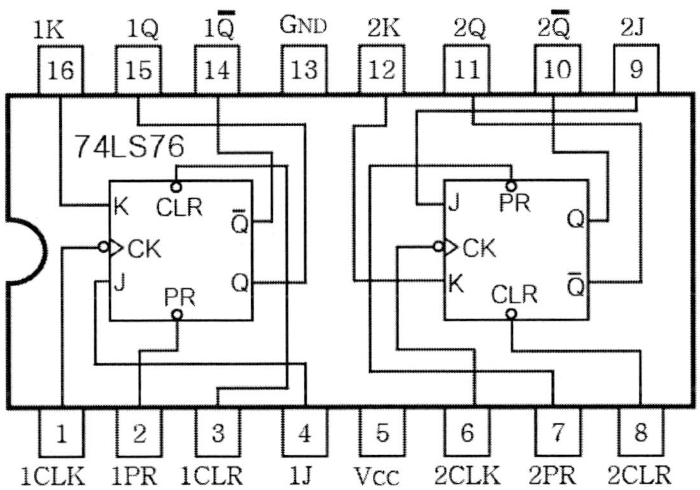

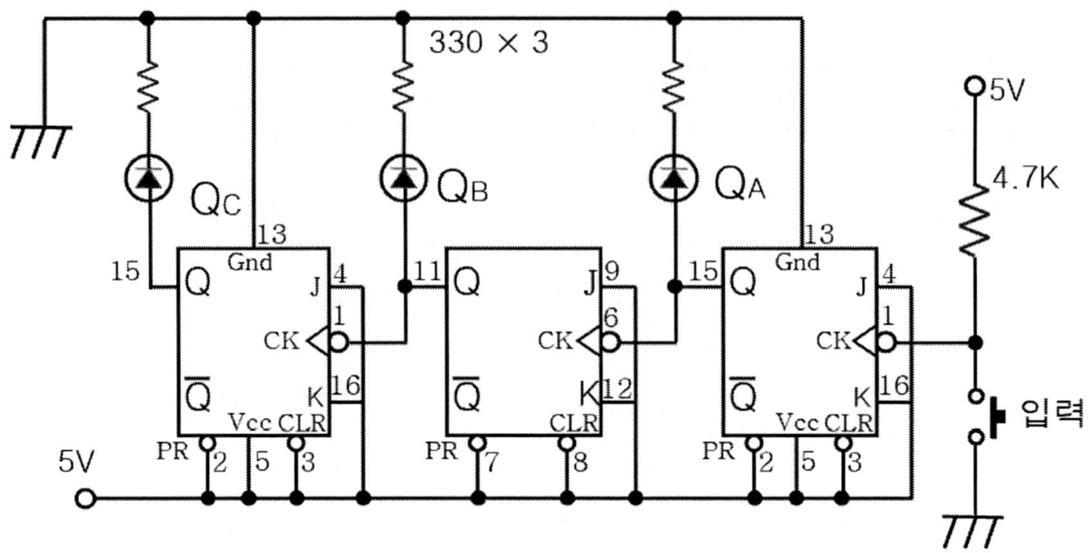
330 × 3
5V
4.7K
QC
QB
QA
13
Gnd
15
Q
J
4
1
CK
16
K
Q
Vcc CLR
PR
2
5
3
11
9
6
12
CLR
7
8
입력
5V

9

AD/DA 변환

Digital Circuit Practice

1. DA 변환기

[실습목적]
D/A, A/D 변환기의 구성원리를 이해한다.
D/A, A/D 변환기를 응용할 수 있다.

[관계지식]
디지털 시스템과 아나로그 시스템사이를 연결하기 위해서는 두가지의 변환이 필요하다. 이진데이터를 아나로그 신호로 바꿔주는 A/D 변환과 아나로그 신호를 디지털 데이터 바꿔주는 D/A 변환이 필요하다.

컴퓨터에 마이크를 연결해서 음성을 녹음(A/D 변환)하고 그것을 다시 스피커를 통해서 들어보는(D/A 변환) 과정을 살펴보면 이해할 수 있을 것이다.

1.1 D/A 변환기(Digital TO Analog Converter)

디지털신호의 값에 비례하여 전압과 전류로 바꿔주는 D/A 변환 방식이 여러 가지 있다.

1.2 가산기형 D/A 변환기

가장 간단한 방식으로 입력되는 2진 입력비트의 가중치를 저항을 사용하여 전압으로 나타내는 2진 가중 입력 D/A 변환기이다.

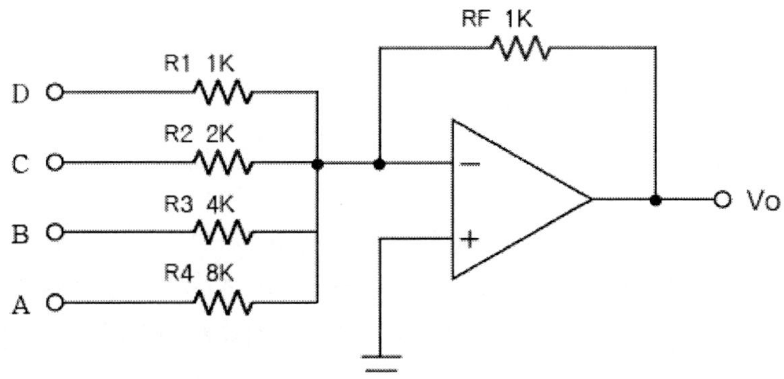

동작원리는 다음과 같다.

각 입력단에 동일한 전압이 가해진다면 각비트에 할당된 저항이 상위비트로 갈수록 감소하기 때문에 2배씩 증가하고 전체 전류는 궤한저항 RF를 통해서 흐른다. 각 비트

의 입력에 따른 출력전압

$$Vo = -(\frac{D}{R1}+\frac{C}{R2}+\frac{B}{R3}+\frac{A}{R4})RF$$ 이다.

예를 들면, 입력이 전압이 5V 즉 High(1)가 5V가된다.

① A에만 1이 입력되면 Vo = $-(\frac{1}{8K})1K = -0.125 \times 5V = -0.625V$

② B에만 1이 입력되면 Vo = $-(\frac{1}{4K})1K = -0.25 \times 5V = -1.25V$

③ C에만 1이 입력되면 Vo = $-(\frac{1}{2K})1K = -0.5 \times 5V = -2.5V$

④ D에만 1이 입력되면 Vo = $-(\frac{1}{1K}+)1K = -1 \times 5V = -5V$

⑤ 따라서 4비트 디지털 입력이 1011이라면

Vo = — (5 + 1.25 + 0.625) = — 6.875 V 가된다.

입 력				아 나 로 그 출 력
D	C	B	A	
0	0	0	0	0V
0	0	0	1	0.625V
0	0	1	0	1.25V
0	0	1	1	1.87V
0	1	0	0	2.5V
1	1	1	0	8.75V
1	1	1	1	9.375

가산기형 D/A 변환기는 MSB(최상위비트 : Most Significant Bit)와 LSB(최하위비트 : Least Significant Bit)와의 차이가 커서 최소 분해능이 커다. 즉 1 증가 할 때마다 0.625V 씩 증가해서 정밀한 출력전압 제어가 어렵고, 분해능을 확대하기위해 입력을 12 비트로 한다면 저항값이 크고 정밀한 구현이 어려워 4비트정도의 D/A 변환기에만 사용된다.

1.3 R/2R 래더형 D/A 변환기

래더(Ladder)형 D/A 변환기는 R, 2R의 저항 선정이 간단하여 고집적회로에 유리하고 아나로그 출력값이 선형성을 가지고 있기 때문에 많이 사용되고 있다.

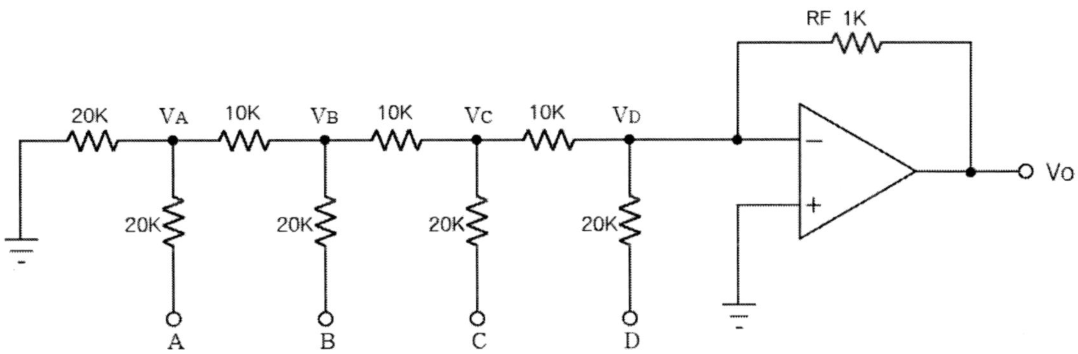

동작원리는 다음과 같다.

① A 비트에 1 그리고 BCD에 000이 입력된다면 즉 0001, High를 5V이면

$$V_A = 5V \times \frac{20K}{20K+20K} = 2.5V$$

$$V_B = V_A(2.5V) \times \frac{20K}{20K+20K} = 1.25V$$

$$V_C = V_B(1.25V) \times \frac{20K}{20K+20K} = 0.625V$$

$$V_D = V_C(0.625V) \times \frac{20K}{20K+20K} = 0.3125V$$

따라서 0001이 입력되면 Vo에 0.3125V 아나로그 값이 출력된다.

② B 비트에만 1(0010), Vo에 0.625V

③ C 비트에만 1(0100), Vo에 1.25V

④ D 비트에만 1(1000), Vo에 2.5V의 아나로그 값이 출력된다.

그러니까 D 비트에만 1이 입력(1000)되면 A가 0이니까 V_A 지점에서는 20K//20K = 10K 합성저항이 되고, 다시 10K + 10K =20K가 된다. B가 0이니까 V_B 지점에서는

20K//20K = 10K 합성저항이 되고, 다시 10K + 10K =20K가 된다. 이러한 방법으로 D가 1(5V)이니까 V_D 지점에서는 2.5V가 된다.

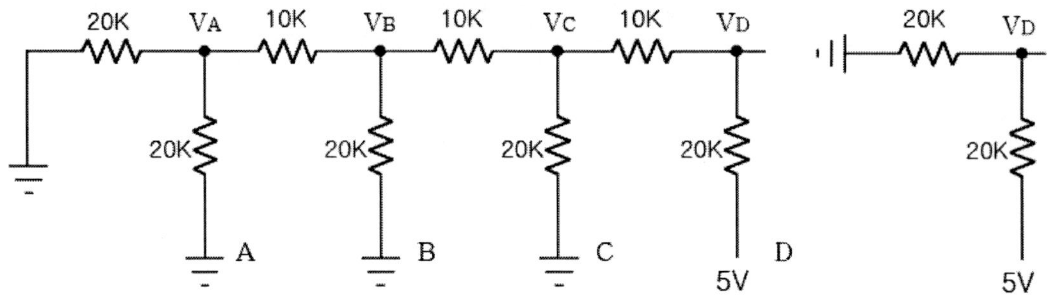

DCBA(1101) 입력되면

2.5 + 1.25 + 0.3125 = 4.0625V

입 력				아 나 로 그 출 력
D	C	B	A	
0	0	0	0	0V
0	0	0	1	0.3125V
0	0	1	0	0.625V
0	0	1	1	0.9375V
1	1	0	1	4.0625V
1	1	1	0	4.375V
1	1	1	1	4.6875V

2. 실습하기

실습장비및 공구	실습재료	규격	수량
직류전원공급기	IC	MC14518B	1
테스터			
브레드보드			
공구세트			
	LED	적색	
	PB스위치	a접점	2
	저항기류	330, 1K	

2-1. 다음은 MC14518B Dual BCD UP COUNTER IC를 사용해서 래더형 D/A 컨버터를 만들었다.

① 브레드보드에 회로를 구성한다. 직류전압계자리에는 멀티테스터를 연결한다.
② 클락 펄스를 만들기 위해 버턴 스위치를 이용해서 펄스를 발생시킨다. 버턴을 누르면 0 → 1로 정에지가 만들어지고 버턴을 놓으면 1 → 0으로 부에지 만들어진다. 정에지에서 카운터가 동작한다.
③ 버턴을 누르면 0000 → 1001 까지 카운터한다.
④ 클락 펄스가 발생할 때마다 멀티테스트의 값을 읽어서 표를 작성한다.

펄스수	1	2	3	4	5	6	7	8	9	10
BCD	0000	0001	0010	0011	0100	0101	0110	0111	1000	1001

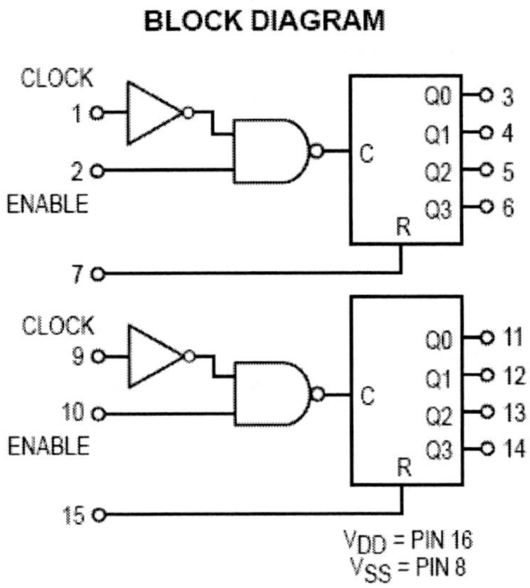
BLOCK DIAGRAM
CLOCK
1
2
ENABLE
C
R
Q0
Q1
Q2
Q3
3
4
5
6
7
CLOCK
9
10
ENABLE
C
R
Q0
Q1
Q2
Q3
11
12
13
14
15
VDD = PIN 16
VSS = PIN 8

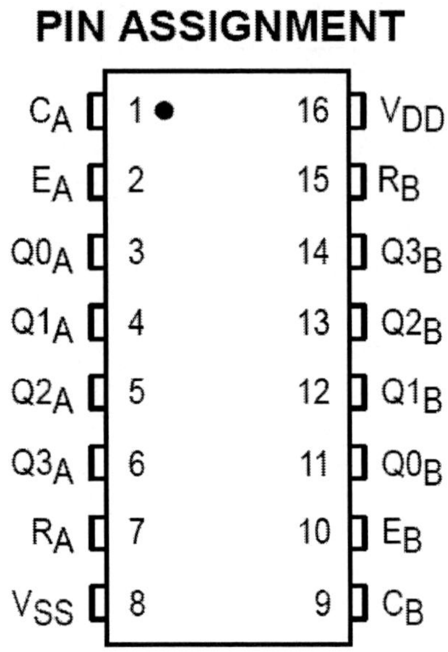
PIN ASSIGNMENT
CA 1
EA 2
Q0A 3
Q1A 4
Q2A 5
Q3A 6
RA 7
VSS 8
16 VDD
15 RB
14 Q3B
13 Q2B
12 Q1B
11 Q0B
10 EB
9 CB

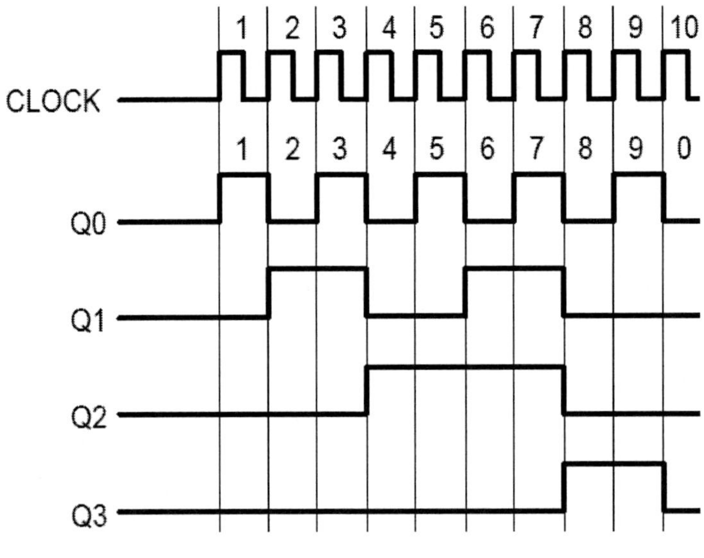
1 2 3 4 5 6 7 8 9 10
CLOCK
1 2 3 4 5 6 7 8 9 0
Q0
Q1
Q2
Q3

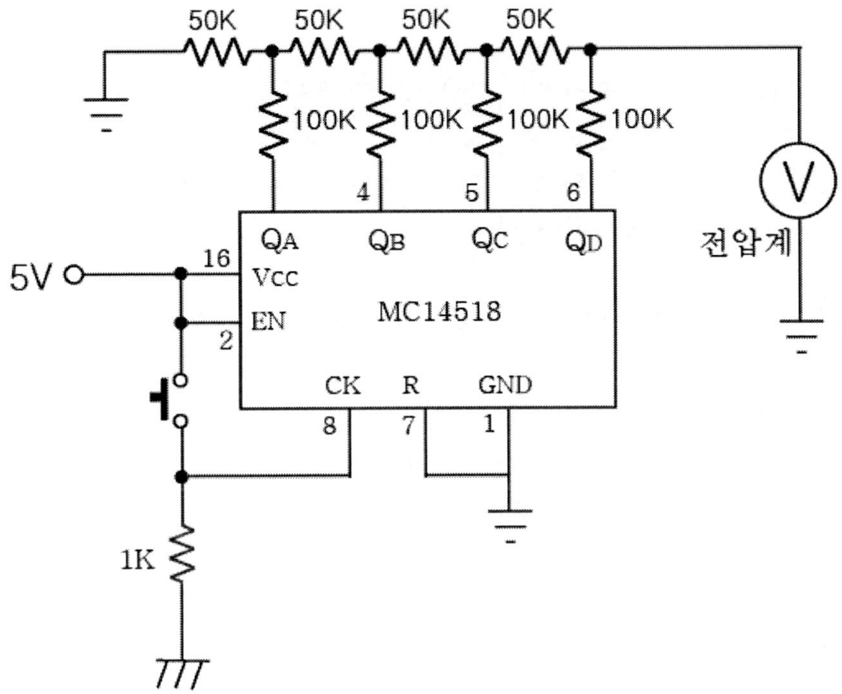
50K
50K
50K
50K
100K
100K
100K
100K
4
5
6
QA
QB
QC
QD
전압계
5V
16
Vcc
EN
2
MC14518
CK
R
GND
8
7
1
1K

3. A/D 변환기

대부분의 자동화 기계들은 외부의 물리량을 아나로그 형태의 값으로 읽어서 이것을 디지털데이터로 변환하여 처리하게 된다. 외부의 물리량은 온습도, 유량, 속도, 길이, 높이, 자기장, 압력, 빛의 변화 등등을 말하며 이러한 변화는 각종 센서에 의해서 전압, 전류, 정전용량, 저항 등의 변화로 바꾸어주게 된다.

A/D 변환기에는 병렬 비교형, 계수형, 축차비교형, 이중적분형 등이 있다.

다음은 이러한 내용을 도표로 나타낸 것이다.

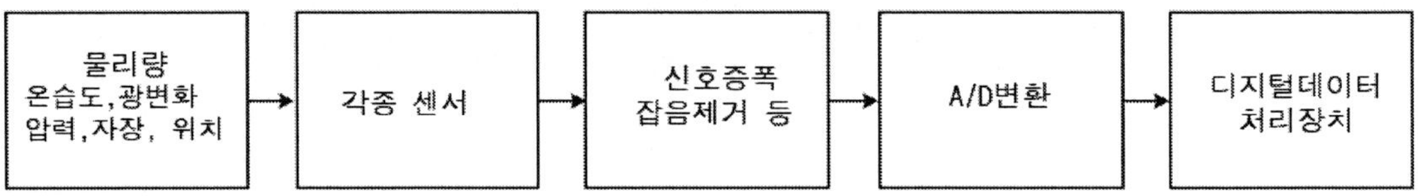

3.1 병렬 비교형

다음은 3비트 병렬비교형의 예를 나타내었다. 아나로그 입력 신호 전압이 각각의 비교기에 의해 비교된다. 아나로그 신호전압 Vi가 비교기의 기준전압 보다 크면 비교기의 출력은 1이되고 작으면 0이 된다.

이 신호를 인코드가 받아서 이진 데이터로 출력하게 된다.

예를 들면 아나로그 신호전압이 $\frac{4V}{8}$ < Vi < $\frac{5V}{8}$ 범위에 있다면 A7,A6,A5,A4,A3,A2,A1의 값이 0001111 된다. 인코더 출력은 100 이 된다.
표를 보면 쉽게 이해 할 수 있을 것이다.

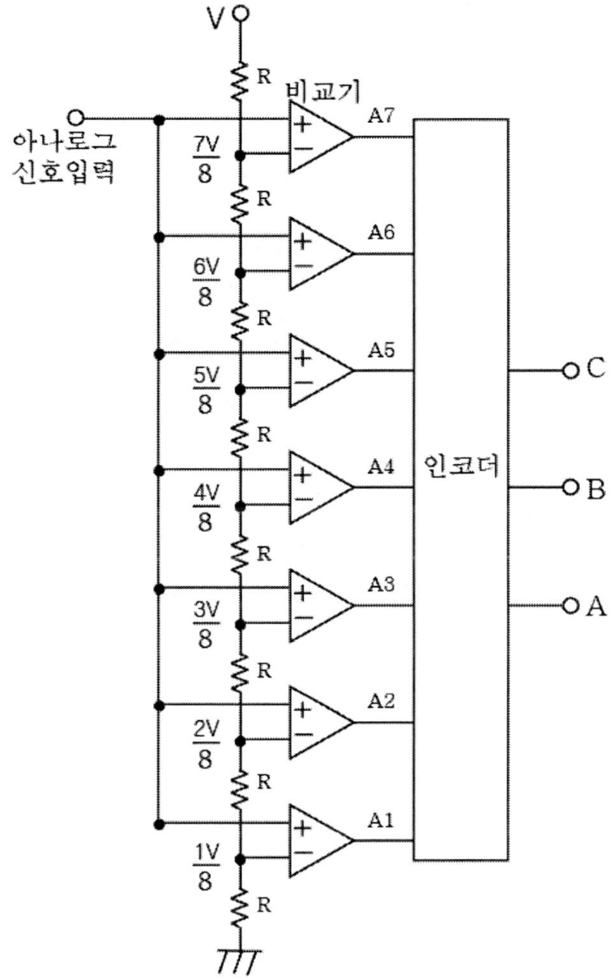

아나로그 입력신호	인코드 입력신호	인코드 출력
Vi	A7A6A5A4A3A2A1	이진데이터
Vi < $\frac{4V}{8}$	0000000	000
$\frac{1V}{8}$ < Vi < $\frac{2V}{8}$	0000001	001
$\frac{2V}{8}$ < Vi < $\frac{3V}{8}$	0000011	010

$\frac{3V}{8}$ < Vi < $\frac{4V}{8}$	0000111	011
$\frac{4V}{8}$ < Vi < $\frac{5V}{8}$	0001111	100
$\frac{5V}{8}$ < Vi < $\frac{6V}{8}$	0011111	101
$\frac{6V}{8}$ < Vi < $\frac{7V}{8}$	0111111	110
Vi > $\frac{7V}{8}$	1111111	111

3.2 계수형

계수형은 DAC(D/A 변환기)에서 발생시킨 기준 전압을 낮은 전압부터 높은 순으로 계단과 같이 차례대로 변하도록 하면, 하나의 비교기를 사용하여 여러 종류의 전압과 비교할 수 있게 된다. 2진 카운터를 이용하여 클락 펄스마다 1씩 증가하면서 DAC의 기준전압을 증가시켜 비교기를 사용해서 비교하게 된다.

- 장점 : 구조가 간단하고 분해도가 보다 정밀하다.
- 단점 : 동시형 변환기보다 변환시간이 더 많이 필요하다.

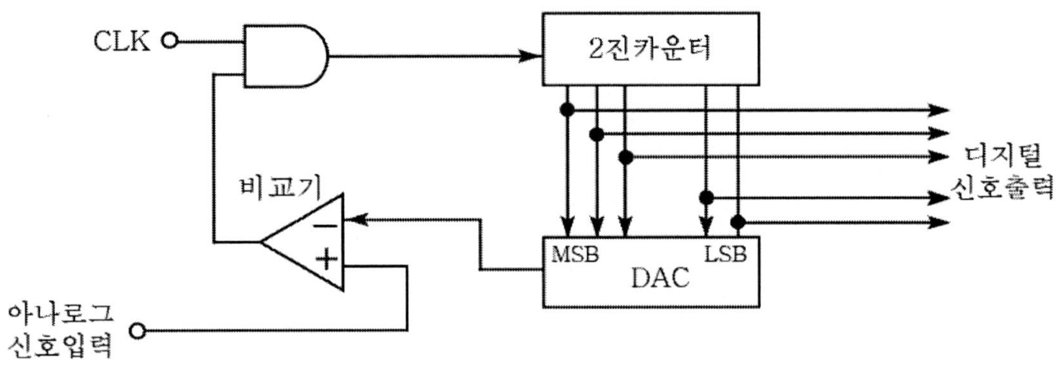

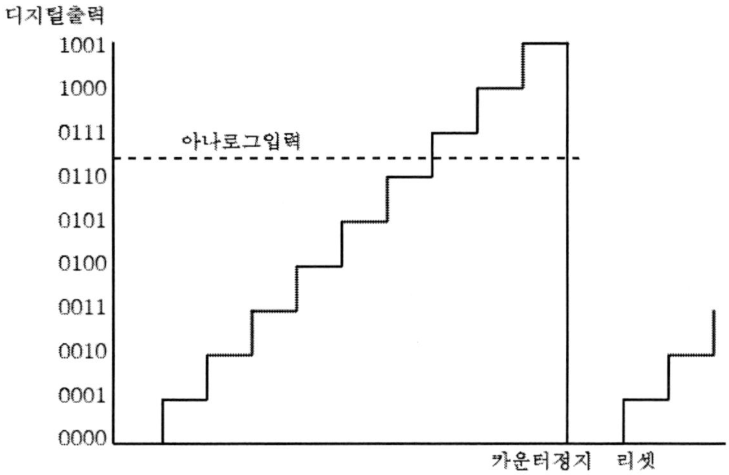

3.3 축차비교형

축차비교(逐次比較)형 ADC((Successive approximation ADC)는 계수형과 비슷한 구조이나 2진 카운터(계수기) 대신에 SAR(successive Approximation Register)를 사용, 이를 순차적으로 증가시키는 것이 아니라 최상위 비트로부터 순서대로 하위비트쪽으로 수정하여 가는 방법으로 DAC의 출력을 훨씬 빨리 아날로그 입력전압에 근사시킨다.

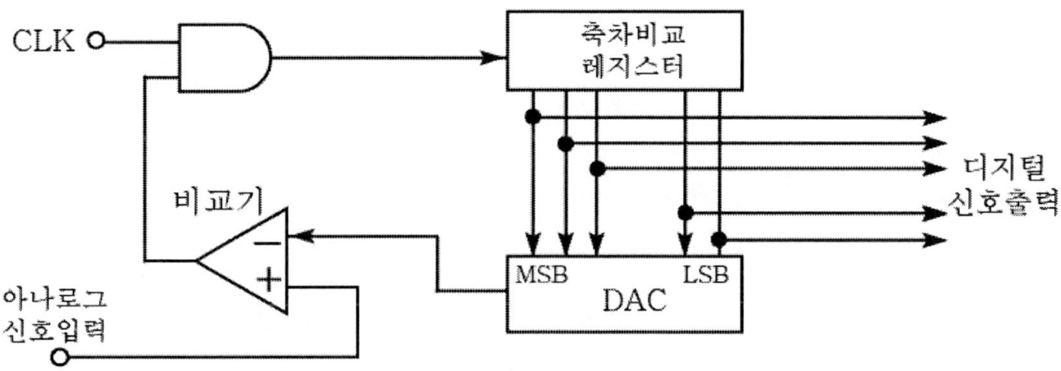

- 장점 : 비교적 변환시간이 빠르고 회로 간단
  분해능이 비교적 높은 범용 A/D Converter에 가장 널리 사용

아나로그 신호를 디지털로 변환이 시작되면

① 최상위 비트를 1로하는 값인 1000를 출력한다.
② DAC는 1000에 대응하는 아나로그 값을 Vdac를 출력한다.
③ 비교기에서 Vi 와 Vdac를 비교한다.
④ Vi > Vdac 이면 1을 Vi < Vdac 0을 출력하여 레지스터에 전송한다.
⑤ 다음 하위비트 0100을 출력하여 ②③④를 실행한다.
⑥ 그리고 그다음 하위비트 0010을 출력하여 ②③④를 실행한다.
⑦ 모든 값이 결정되면 변환 완료 신호와 디지털 출력신호를 병렬로 출력한다.

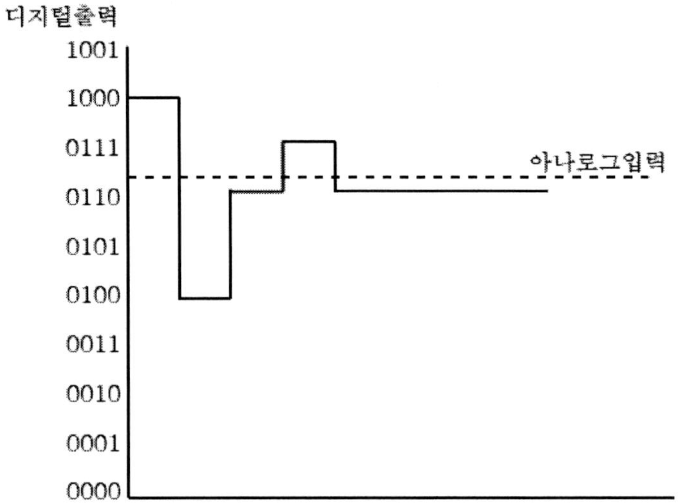

3.4 ADC/DAC 전용IC

아나로그를 디지털 데이터로 변환하여 대부분의 경우 컴퓨터 혹은 마이크로프로세서에서 처리를 하게된다. 그래서 마이크로프로세서에 인터페이스가 용이하도록 설계되어 많이 사용되는 전용 IC들이 있다.

대표적으로 ADC0809는 입력이 8개이다. 8개의 센서를 연결하여 원하는 입력 포트의 아나로그 값을 읽어서 디지털데이터로 변환 할 수 있다. 아래 그림에서 왼쪽이 ADC0809 8-Bit μP Compatible **A/D Converters** with 8-Channel Multiplexer이고 오른쪽이 DAC0800/DAC0802 8-Bit **Digital-to-Analog Converters** 이다. 각각의 핀 접속도를 나타낸 것이다.

Dual-In-Line Package

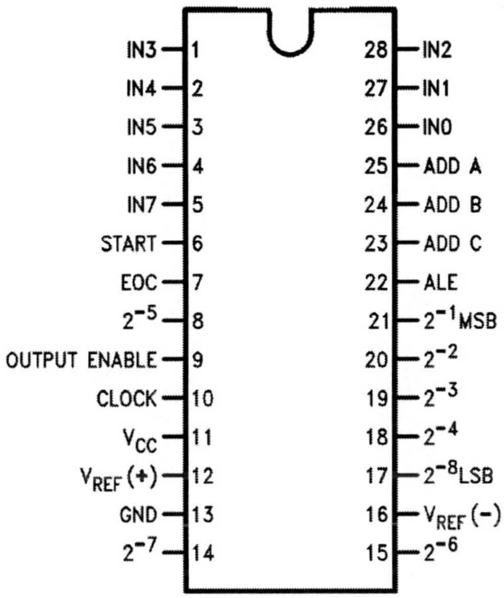

Dual-In-Line Package

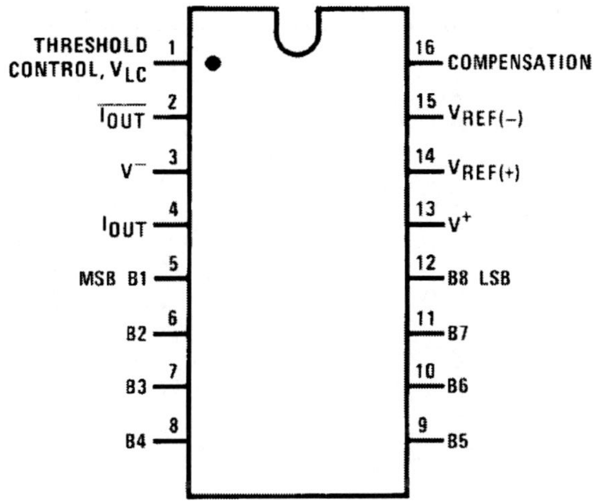

다음은 ADC0809 IC의 내부 구조를 나타낸 것으로 내부구조는 축차비교형을 사용하였다. (The 8-bit A/D converter uses successive approximation as the conversion technique)

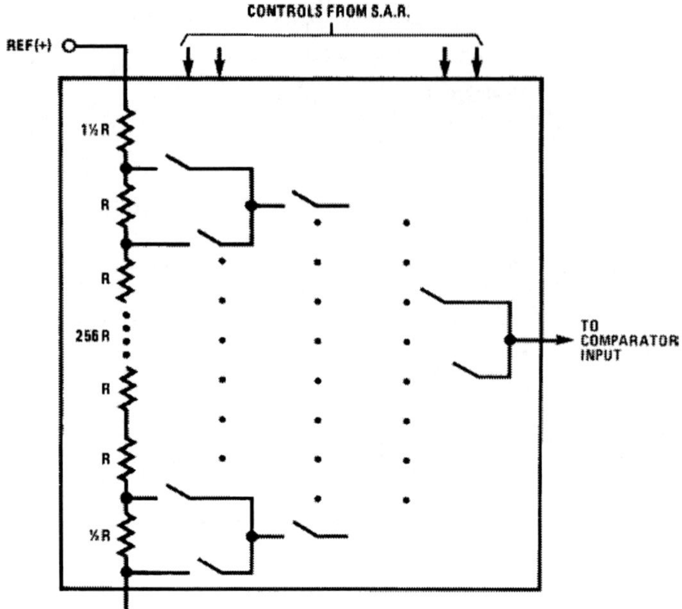

Resistor Ladder and Switch Tree

다음은 DAC0800 IC의 내부 구조를 나타낸 것이다.

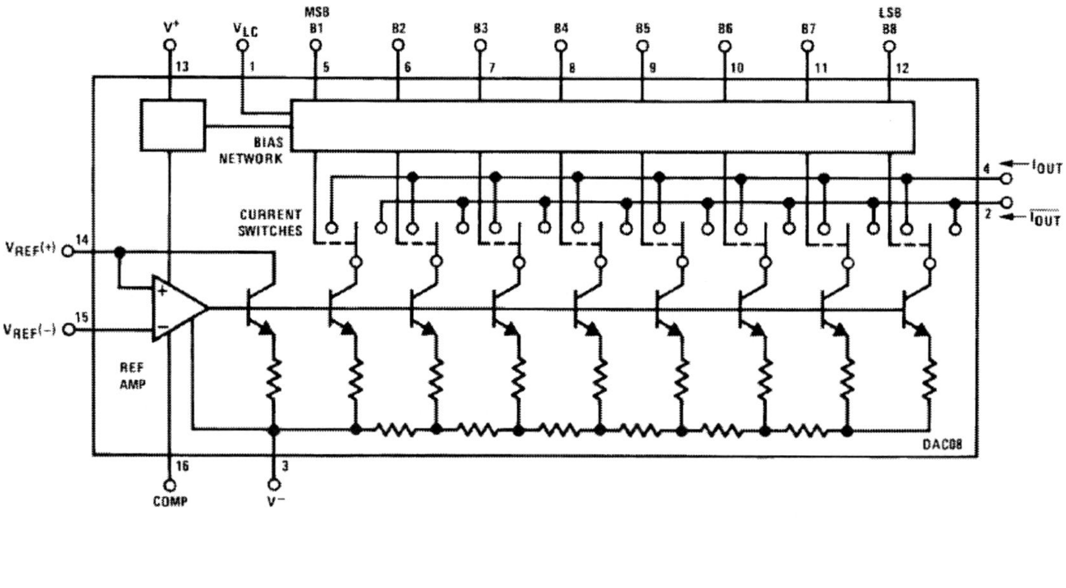

10

반도체 메모리, LED 저항계산

Digital Circuit Practice

1. 반도체 메모리

[실습목적]

반도체 메모리의 구성원리를 이해한다.
반도체 메모리의 읽기, 쓰기의 사용법을 익힌다.

[관계지식]

1-1. 반도체 메모리의 종류와 구조

반도체 IC 메모리는 트랜지스터, FET 등을 사용하여 플립플롭을 구성해서 1개의 비트를 기억하도록 만든 것이다. 이러한 1 비트 단위를 기억하는 유닛을 대량으로 집적화하여 만든 것이 반도체 메모리이다.

<table>
<tr><th>구 분</th><th>종 류</th><th colspan="2">기 능</th></tr>
<tr><td rowspan="2">RAM(Random Access Memory)</td><td>스테틱램 (Static RAM)</td><td colspan="2">FF의 구조로 만들어지며 읽기,쓰기 속도 빠르다. 고가, 구조 복잡, 전원 공급시 자료기억유지, 캐시메모리사용</td></tr>
<tr><td>다이나믹램 (Dynamic RAM)</td><td colspan="2">FET 구조를 사용, 고집적가능, 저가, 반복적으로 자료재기록, 컴퓨터주기억장치 사용</td></tr>
<tr><td rowspan="4">ROM(Read Only Memory)</td><td>마스크롬 (Mask ROM)</td><td colspan="2">ROM 제조단계에서 자료기록, 내용변경불가능</td></tr>
<tr><td>프로그래머블 ROM</td><td colspan="2">ROM제조후 사용자가 1회 기록가능하고 변경 불가능</td></tr>
<tr><td rowspan="2">소거가능ROM</td><td>UV-EPROM</td><td>자외선을 쬐어서 ROM내용을 반복해서 지우고 자료 기록이 가능하다.</td></tr>
<tr><td>EEPROM</td><td>전기적으로 자료를 지우고 재기록이 가능하다. RAM과같이 사용가능</td></tr>
</table>

SDRAM : 동기화 DRAM으로 컴퓨터의 버스 클럭에 동기화 되어 동작하는 램. SDR (Single Data Rate-단일전송비율) SDRAM 과 DDR (Double Data Rate-2배전송비율) SDRAM으로 나뉜다.

DDR-SDRAM (Double Date Rate - Synchronous Dynamic Random Access Memory)

다음은 스테틱 램의 기본구조이다.

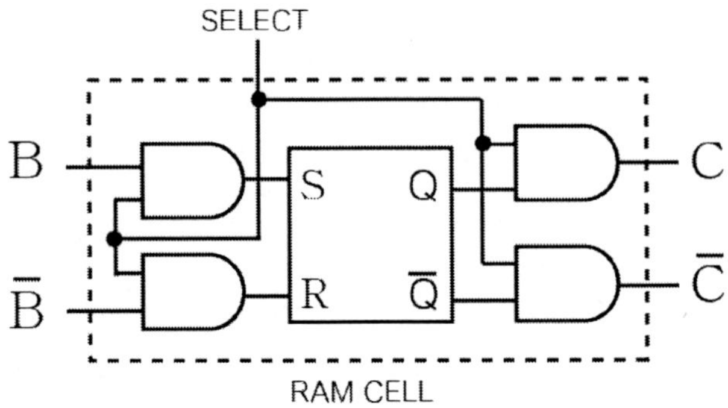

아래의 그림은 SRAM과 DRAM의 구조를 나타내고 있으며 DRAM의 경우 극간 용량에 데이터를 저장하게 되며 충전된 전하는 시간이 지나면 소멸되기 때문에 주기적으로 Refrash하는 절차가 필요하다.

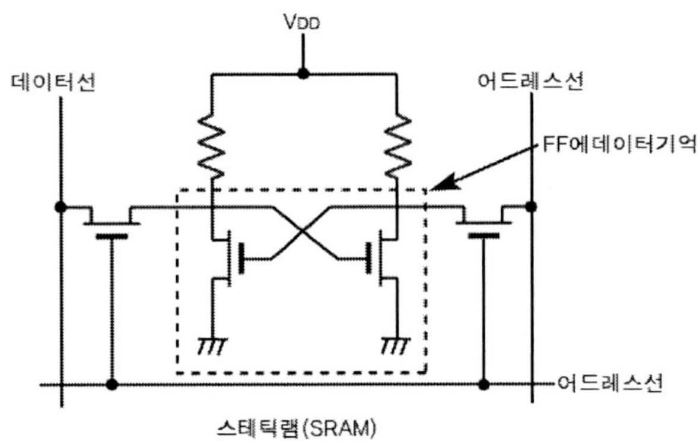

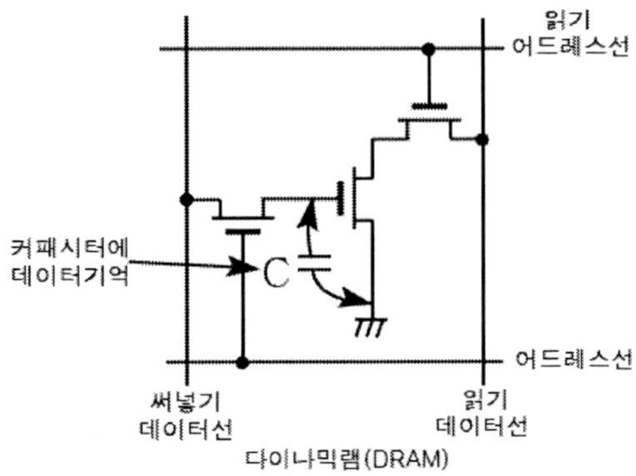

1-2 각종 신호

① 어드레스 선(A0 ~ A9) : 많은 메모리 셀 중에서 어느 메모리를 선택 하여 데이터를 쓰거나 읽어 낼 것인가를 위하여 주소를 부여한다. 어드레스 입력핀이 10개라면 번지수는 2^{10}으로 1024개가 된다.

② 데이터선 (D0 ~ D8) : 어드레스 입력 핀에 주소가 지정이 되어 해당 메모리 셀이 선택이 되면 데이터를 쓰거나 읽기위해 데이터의 입출력이 일어난다. 데이터선의 개수는 8비트 데이터용 RAM이라면 8개가 된다.

③ $\overline{CE}$(Chip Enable) : 여러개의 칩중에서 읽고자하는 번지수가 있는 칩의 $\overline{CE}$ 핀을 0이면 읽기/쓰기 가능한 상태, 1이면 대기상태가 된다.

④ $\overline{WE}$(Write Enable) : 핀의 입력이 0이면 쓰기, 1이면 읽기가 된다.

⑤ $\overline{OE}$(Output Enable) : 입력이 0이면 쓰기 동작상태, 1이면 읽기 동작상태가 된다.

다음은 32K BYTE SRAM의 핀 접속도이다.

PIN CONFIGURATIONS

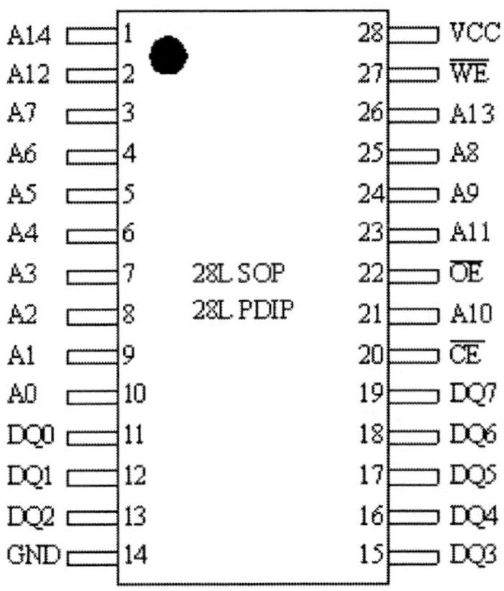

1-3. 데이터의 읽기와 쓰기

RAM에 쓰기를 하는 절차를 확인해보면

① 다음의 회로에서 쓰기를 하고자하는 번지의 주소선이 3개가 디코드에 입력되면 8개(0~7)의 출력을 가지게 되어 (0,0) ~ (7,0) 중의 행을 선택하게 된다.

② 여러 개의 RAM IC중에서 특정 IC를 선택하기 위한 것으로 현재 아래 그림의 $\overline{CS}$ 핀에 0이 입력되어 칩을 선택 되었다고 가정을 한다.

③ 해당 주소의 데이터를 쓰기 위해서 Data Bus(DI0 ~ DI7)에 실려 있는 자료들은 $\overline{RW}$($\overline{WE}$)핀에 0을 입력하여 RAM에 쓰기를 실시한다.

이제 RAM에 읽기 동작을 설명하면

① 다음의 회로에서 읽고자하는 번지의 주소선이 3개가 디코드에 입력되면 8개(0~7)의 출력을 가지게 되어 (0,0) ~ (7,0) 중의 행을 선택하게 된다.
② 여러 개의 RAM IC중에서 특정 IC를 선택하기 위한 것으로 현재 아래 그림의 $\overline{CS}$ 핀에 0이 입력되어 칩을 선택 되었다고 가정을 한다.
③ 해당 주소의 데이터를 읽기 위해서 $\overline{RW}$($\overline{WE}$)핀에 1을 입력하여 RAM에 읽기를 실행한다.
④ 데이터 버스(DO0~ DO7)에는 데이터가 실리게 된다.

이상과 같은 방법으로 자료를 읽기/쓰기를 하게 된다.

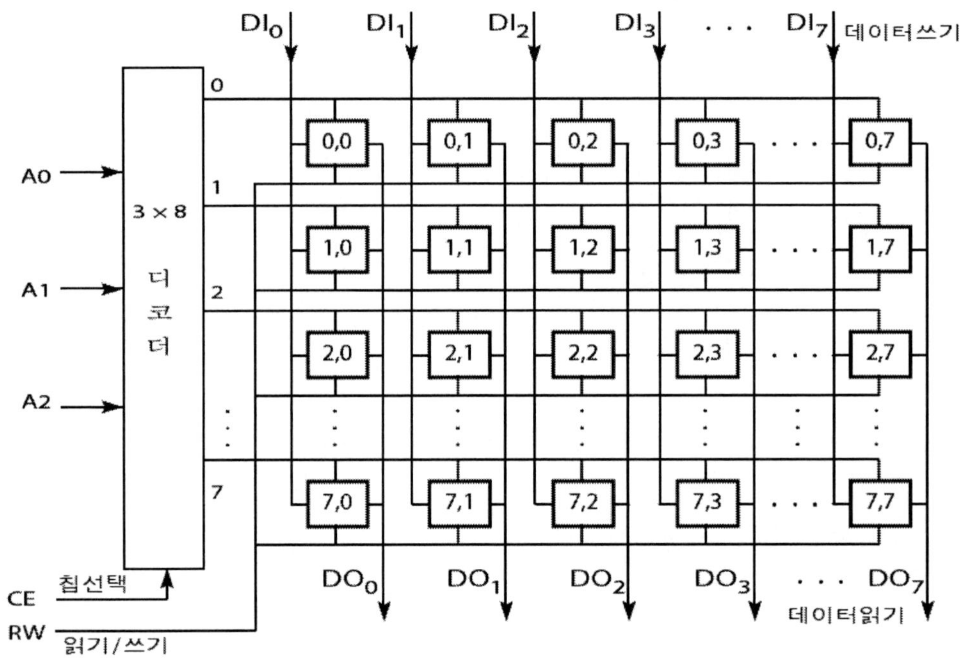

다음은 실습에 사용하게 될 32K BYTE SRAM의 내부 구조이다.

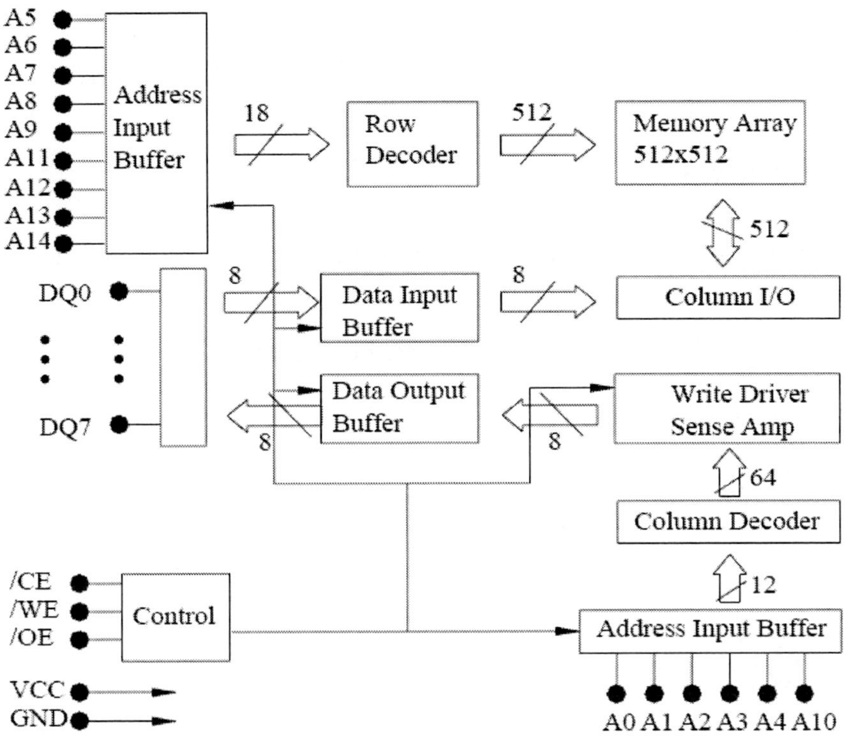

2. 실습하기

실습장비및 공구	실습재료	규격	수량
직류전원공급기	RAM	32K SRAM	1
테스터			
브레드보드			
공구세트			
	DIP 저항	4단	2
	LED	적색, 녹색	각4개
	PB스위치	a접점	1
	저항기류	1K	

2-1. 다음은 32K SRAM IC를 사용해서 읽기/쓰기를 위한 회로를 구성하였다.

① 브레드보드에 회로를 구성한다.
② Address DIP SW를 이용해서 주소를 설정한다. 0000 ~ 1111중에서 선택한다.
③ Data DIP SW를 사용해서 값을 0000 ~ 1111중에서 설정한다.
④ 푸시버턴 스위치를 눌러 SRAM에 기록한다. 0이면 기록 1이면 읽기가 된다.
⑤ 데이터 저장이 끝나면 Data DIP SW를 Off한다.
⑥ Address DIP SW를 이용해서 주소를 설정하면 저장했었던 Data가 출력되는지 확인한다.(LED의 On, Off를 읽으면 된다.)
⑦ 다음의 표에 있는 자료를 입력하고 읽기를 해서 맞는지 확인한다.

<table>
<tr><td>ADDRESS</td><td colspan="3">데이터 입/출력</td></tr>
<tr><td>A3 A2 A1 A0</td><td>입력/출력</td><td>10진수</td><td>데 이 터</td></tr>
<tr><td rowspan="2">0 0 0 1</td><td>입 력</td><td>2</td><td>0 0 1 0</td></tr>
<tr><td>출 력</td><td></td><td></td></tr>
<tr><td rowspan="2">0 0 1 0</td><td>입 력</td><td>9</td><td>1 0 0 1</td></tr>
<tr><td>출 력</td><td></td><td></td></tr>
<tr><td rowspan="2">0 0 1 1</td><td>입 력</td><td>10</td><td>1 0 1 0</td></tr>
<tr><td>출 력</td><td></td><td></td></tr>
<tr><td rowspan="2">0 1 0 0</td><td>입 력</td><td>13</td><td>1 1 0 1</td></tr>
<tr><td>출 력</td><td></td><td></td></tr>
<tr><td rowspan="2">1 0 1 0</td><td>입 력</td><td>15</td><td>1 1 1 1</td></tr>
<tr><td>출 력</td><td></td><td></td></tr>
</table>

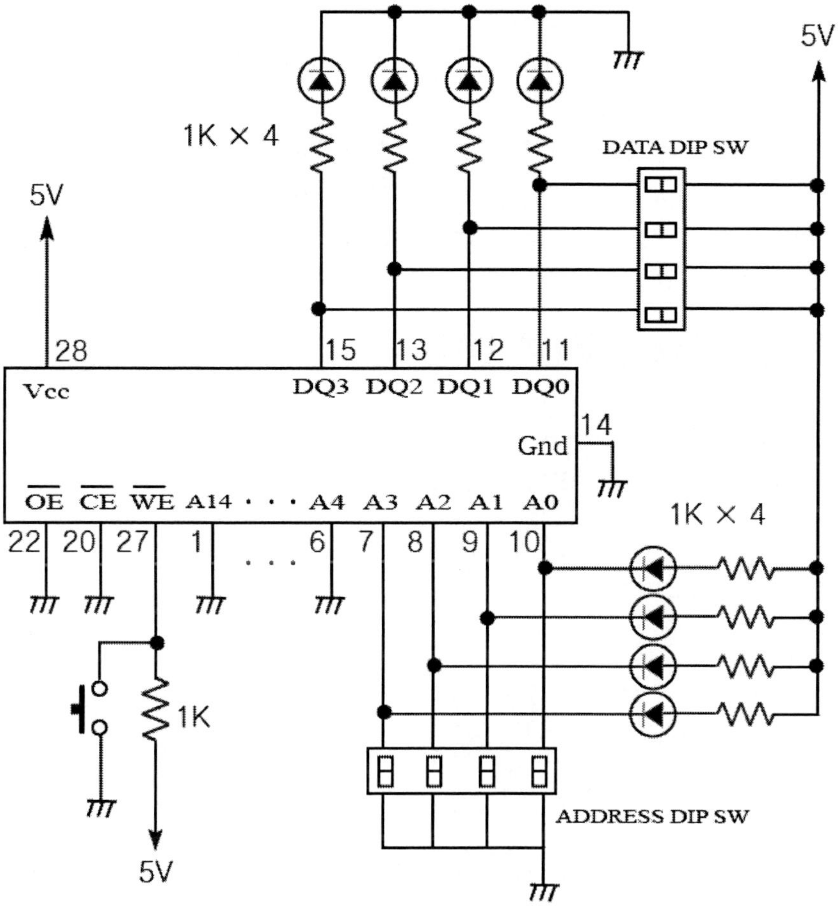

3. LED 저항값 계산 프로그램

다음은 인터넷에서 이용되고 있는 저항읽기와 LED를 연결할 때 전류제한 저항을 얼마로 설정해야 되는지를 계산해주는 프로그램이다.

사용방법은 매우간단해서 유익하게 사용할 수 있을 것이다. 프로그램을 이용해서 계산하려면 다음의 내용을 참고해서 사용한다.

① 사용할 직류전원의 전압
② LED의 순방향 전압 값을 자료에서 확인
③ LED에 흘려야할 전류량(밝기를 고려해서)을 자료에서 확인해서 결정

④ 계산 버튼을 누르면 필요한 저항을 보여준다.

⑤ 저항의 소비전력을 계산해서 1/8W, 1/4W용을 사용해야하는지는 계산해야한다.

예를 들어, 아래의 경우 LED 전압 2.2V, 전류 20㎃, 저항 490Ω이라면

전력 $P = I^2R = 20^2 \times 10^{-6} \times 490\Omega = 196$㎽이다. 최소 1/4W급 저항을 사용해야한다. 만약 계산해서 나온 저항 값에 꼭 맞는 저항이 없다면 비슷한 값으로 적용하고, 소비전력을 다시 계산해야한다.

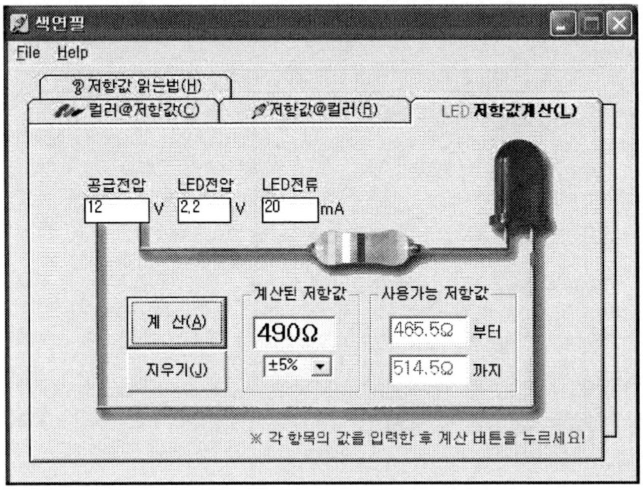

다음의 회로에서 LED에 15mA를 흘리고자 한다. 저항값을 계산하고 회로를 구성하시오. 각각의 전압과 전류를 측정하시오.

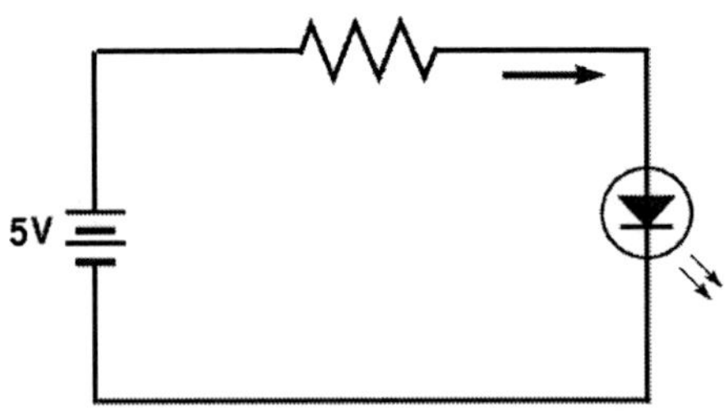

측정장소	계산저항	사용저항	LED	계산 전류	측정 전류
전압[V]				[mA]	[mA]

11

트랜지스터

Digital Circuit Practice

1. 트랜지스터

트랜지스터는 PN접합에 한 개의 N형반도체 혹은 P형반도체를 접합해서 3개층으로 구성되어 있다. 다이오드와는 달리 증폭작용과 스위칭 작용 등의 기능을 가진다.

(1) 트랜지스터의 구조

PNP형과 NPN형이 있으며, 기호에서 두 형태의 트랜지스터 모두 중앙에 위치한 반도체를 베이스 (B : Base), 양쪽의 반도체를 각각 에미터 (E : Emitter), 컬렉터 (C : Collector) 단자가 위치한다. 트랜지스터에서 에미터는 전자를 주입되는 곳, 콜렉터는 전자를 모으는 곳 즉 출구가 된다. 베이스는 신호가 들어오는 곳으로 생각하면 된다.

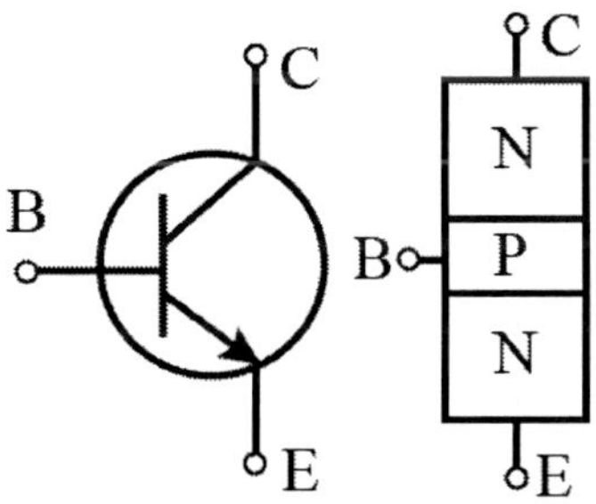

PNP형

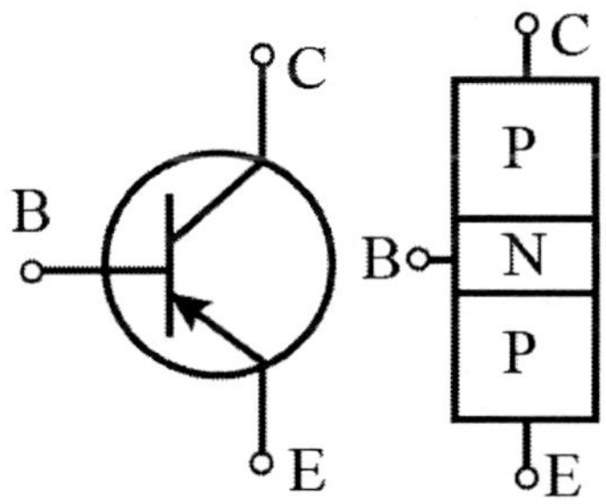

NPN형

(2) 트랜지스터의 표기 및 형식

트랜지스터의 표기방법에는 미국식과 일본식이 있다.

표기방식	구분	용도	비 고
미국식	2N656A	소신호증폭	N: 접합수 1N:다이오드
일본식	2SA1015	pnp 고주파용	S: semiconductor
	2SB786	pnp 저주파용	2SK : FET
	2SC1815	npn 고주파용	
	2SD688	npn 저주파용	

(3) 트랜지스터의 핀 배열

트랜지스터의 리드의 배치는 종류마다 모두 다르기 때문에 해당 트랜지스터의 데이터를 찾아 보아야한다.(www.alldatasheet.com) 일반적으로 많이 사용되는 2SC1815, 2SD880의 경우는 아래와 같이 표시를 했다.

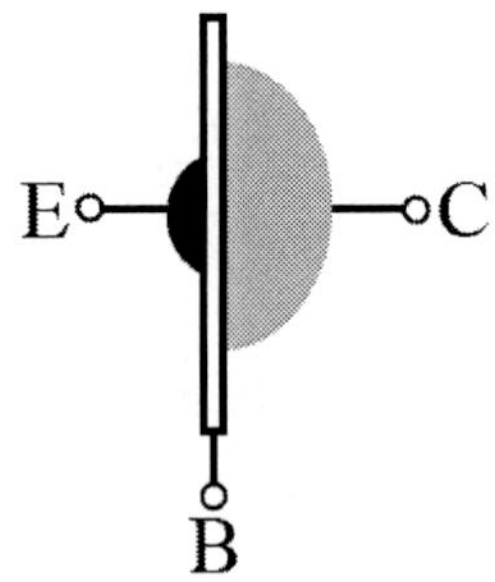

(4) 트랜지스터의 동작 원리

트랜지스터를 동작시키기 위해서는 에미터와 베이스 사이는 다이오드의 순방향바이어스와 같이 접합면에 만들어진 공핍층을 넘을 수 있는 순방향의 바이어스 전압을 (0.6V)인가한다. 그러면 에미터에서 출발한 전자들이 베이스에 도달하게 된다.

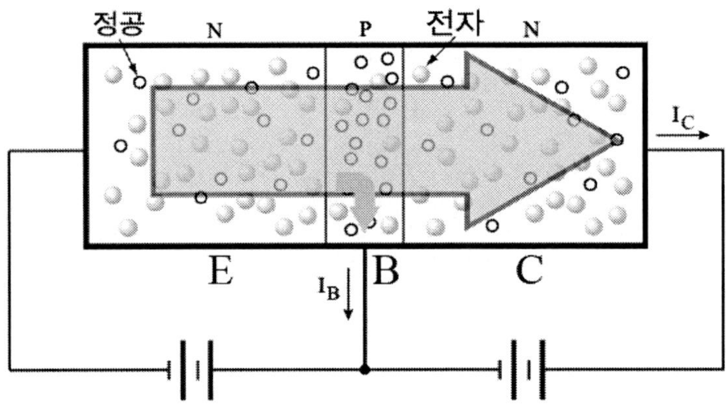

• 베이스에 도달한 전자들의 극히 일부분은 정공을 만나 소멸되지만 극소수에 불과하고 베이스에 연결된 +전원에 이끌려 일부가 빠져나가는데 극히 적은 양에 해당하는 1% 정도이다. 이 전류를 베이스 전류(I_B)라고 한다. 에미터와 베이스 순방향바이어스에 이끌려 가는 전자들은 가속을 받으면서 매우 얇은 베이스 층을 통과하게 된다.

• 통과하게 되는 이유는 콜렉터와 베이스 사이에는 강한 역방향 바이어스가 걸려 있어 가속을 받는다. 베이스전압보다 콜렉터 전압이 훨씬 높게 설정되어 있어 베이스에 도달한 전자들이 콜렉터의 +전압에 이끌려 콜렉터로 가게 된다. 콜렉터에 흐르는 전류를 콜렉터전류(I_C)라고 한다.

• 전자의 이동 속도는 정공보다 약 4배 이상 빠르므로 NPN형 트랜지스터는 PNP

형 트랜지스터에 비해 응답속도가 빠르고 소비전력이 작다는 장점이 있어 NPN형 트랜지스터가 일반적으로 많이 사용된다.

(5) 트랜지스터의 입출력 특성과 동작영역

다음의 회로는 에미터 공통접지회로이다. 베이스와 에미터사이에 순방향바이어스 V_{BE}를 그리고 콜렉터와 에미터에 역방향바이어스 V_{CE}를 가하면 트랜지스터는 동작을 하게된다. V_{BE} 전압을 변경하면(신호의 크기 변화) 베이스에 흐르는 전류의 양이 변화하고 베이스전류의 변화로 인해 콜렉터의 전류 역시 변화된다. 이것은 베이스 입력신호의 크기가 콜렉터에서 증폭되어 나타나게 되는 것이다.

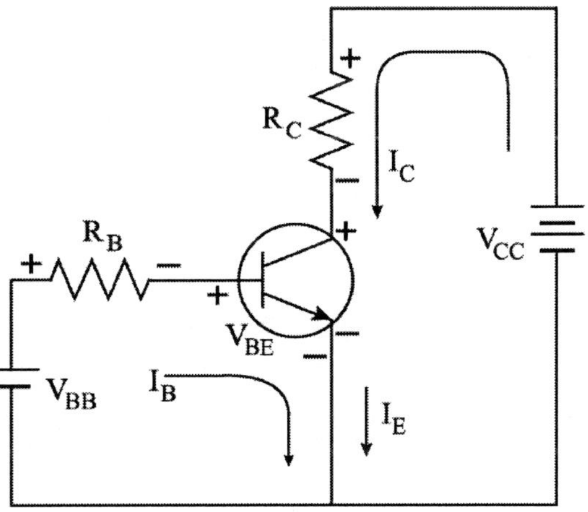

• 베이스의 입력회로에서 베이스의 순방향전압 V_{BE}와 베이스 전류 I_B 사이의 특성을 살펴보면 0.7V이상이 되면 베이스전류가 급격하게 흐른다는 것을 알 수 있다. 이것은 다이오드 순방향 특성과 같다.

• 순방향전압 V_{BE}와 콜렉터와 에미터에 역방향바이어스 V_{CE}를 변화시키면서 콜렉터 전류와 콜렉터와 에미터 사이 전압 V_{CE}를 측정해서 그려보면 다음과 같이 곡선을 얻게 되는데 이것을 콜렉터 특성곡선이라고 한다.

• 특성곡선을 이해하기위해서 베이스전류 20㎂ 곡선을 보자. 먼저 베이스와 에미터 순방향 바이어스를 제공하기 위한 전원전압과 베이스 저항 R_B는 결정이 된 상태이다. 예를 들어 V_{BB}가 6V이면 V_{BE}는 0.7V 따라서 R_B 양단에는 5.3V가 걸린다. 20㎂가 흐르도록 저항 R_B 값을 265㏀으로 고정한다. 그러면 20㎂가 베이스로 흘러들어간다.

• 이제 V_{CE} 전압을 변경해서 콜렉터전류 I_C가 어떻게 변하는가를 확인한다. V_{CE} 전압이 0V이면 I_C는 0일 것이다. V_{CE} 전압이 1V에 훨씬 못 미치게 조금 증가했는데 I_C는 급격하게 2mA정도 흐르게 된다. 그러니까 TR이 스위치의 ON 상태와 같은 동작을 하는 부분이다. 이 영역을 포화영역이라고 한다.

• V_{CE} 전압을 점차 증가시키면 콜렉터전류는 일정한 비율로 조금씩 증가하게 된다.

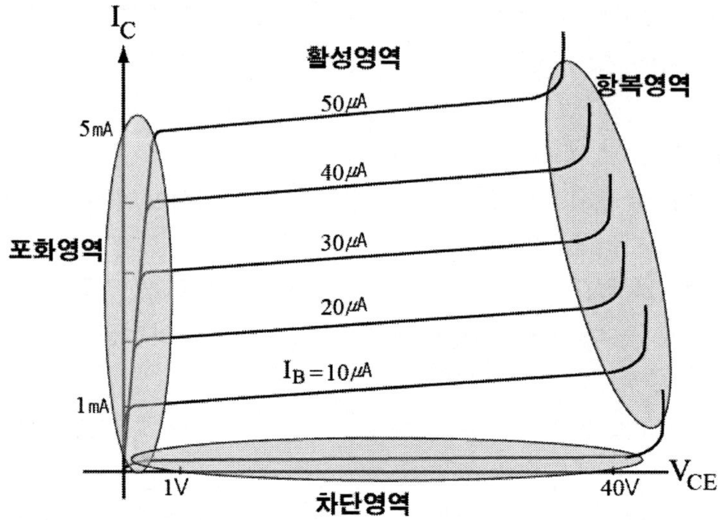

특성이 직선적으로 변하는 부분들만 모여 있는(베이스 전류:10㎂, 20㎂, 30㎂, 40㎂, 50㎂ 등)이 부분을 활성영역이라하고 증폭작용을 할 때 TR을 이영역내에서 동작하도록 한다.

• V_{CE} 전압을 40V 가까이 증가시키면 콜렉터 전류가 무한대로 흐르게 되는 영역이 나타난다. 이것은 트랜지스터가 높은 전압에 의해 도체처럼 동작되어 손상될 가능성이 매우 높아 사용하지 않는 항복영역이라고 한다.

• 제일 아래에 있는 차단영역은 순방향전압 V_{BE}가 걸리지를 않아 베이스전류가 거의 흐르지 않는 상태가 되고 따라서 콜렉터전류도 0가된다. 그러니까 스위치처럼 OFF가 되는 것이다. 이때 V_{CE} 전압은 거의 V_{CC}가 된다.

• 트랜지스터의 동작영역은 활성영역, 포화영역, 차단영역이고 항복영역은 사용하지 않는다. 트랜지스터를 스위칭 동작으로 사용하기위해서는 포화영역, 차단영역을 사용하게 된다. 또 증폭용으로 사용하기위해서는 주로 활성영역을 사용하게 된다.

(6) 바이어스 회로와 증폭

1) 바이어스

트랜지스터가 포함된 회로를 동작시키기 위해서는 주위의 온도변화, 트랜지스터의 특성 등을 고려하여 직류전압과 전류를 공급해서 활성영역과 포화영역, 차단영역에서 동작하도록 해야 한다. 특히 신호를 증폭하는 목적이라면 활성영역내에서 안정적으로 동작할 수 있도록 전압을 배분해야 한다.

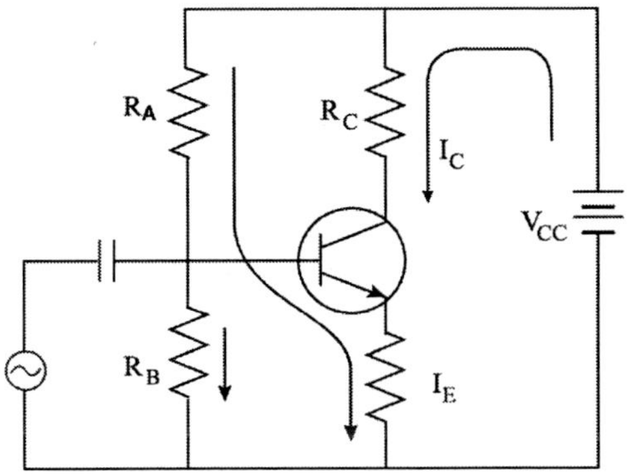

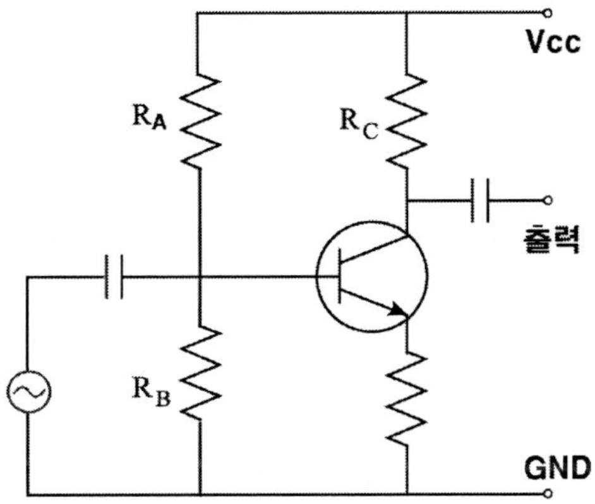

• 신호성분은 직류가 아닌 교류성분이기 때문에 이 신호를 그대로 베이스에 입력으로 활용하면 —성분은 베이스와 에미터에 역방향전압 V_{BE}이 걸리게 된다. 0V 기준을 바이어스 회로를 통해서 직류전류를 베이스에 일정하게 흘려서 기준전압을 올려주어야 신호를 모두 증폭할 수 있다.

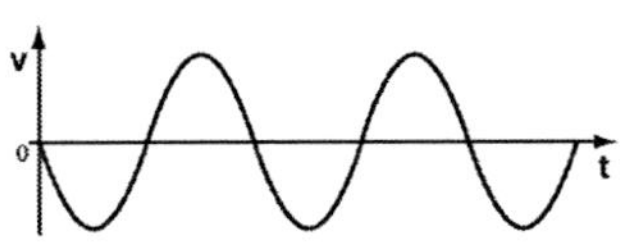

입력신호

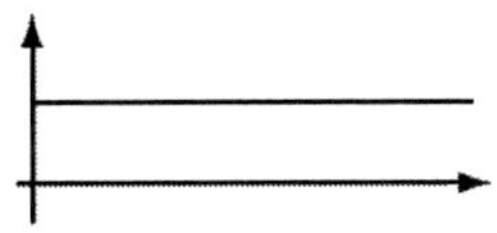
베이스 전압

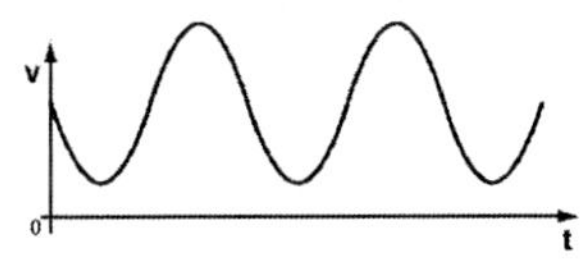

입력신호+베이스전압

• 트랜지스터가 활성영역에 동작할 수 있도록 R_A, R_B 저항을 통해 전압을 배분하여 직류전류를 흘려 베이스는 일정한 높이의 전압을 가져야한다. 입력신호는 이 전압에 실려서 베이스에 가해지게 된다. 입력되는 교류 신호가 증가하면 바이어스 전압 V_{BE}를 더욱 높여서 베이스 전류 I_B가 증가하고 컬렉터 전류도 증가하게 된다.

• 감소하는 교류 신호가 입력되면 바이어스 전압V_{BE}이 감소되므로 베이스 전류I_B가 감소하여 컬렉터 전류I_C도 감소하여 입력되는 신호의 크기를 그대로 증폭하게 된다. 결국 베이스를 통해서 들어간 신호전류는 트랜지스터의 증폭 동작에 의해 전류증폭률 β배 만큼 증폭되어 콜렉터에 흐르게 된다.

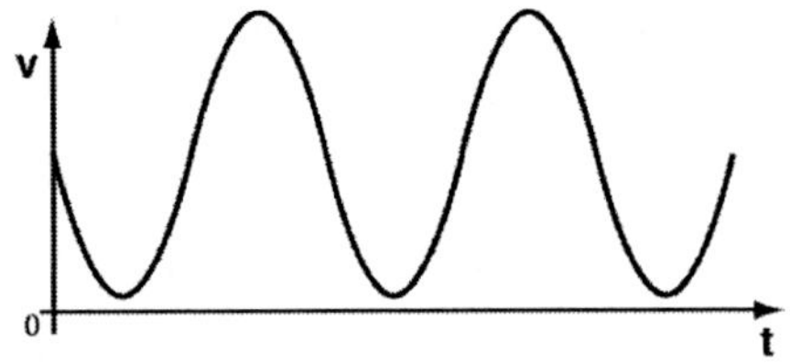

콜렉터 전압

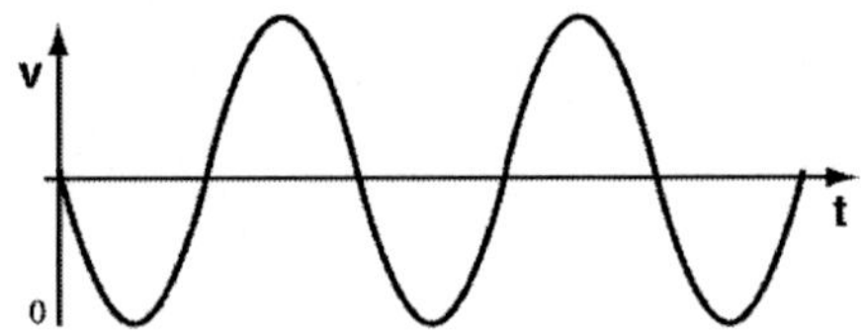

출력 전압

2) 증폭

트랜지스터의 기본 동작에서 에미터에서 방출된 전자 대부분이 컬렉터로 이르게 된다. 이러한 동작에 의해서 작은 신호의 베이스 전류(㎂)가 증폭되어 컬렉터 전류(㎃)로 흐르게 된다.

- 전류 증폭률 h_{FE} : 베이스에 흐르는 전류 I_B와 컬렉터 전류 I_C의 비.

$$h_{FE} = \frac{I_C}{I_B}$$

- 트랜지스터의 컬렉터 전류는 베이스에 입력되는 전류와 트랜지스터의 전류 증폭률과의 곱으로 표현되어 20 ~ 200배의 증폭 작용을 얻을 수 있게 된다. 트랜지스터의 사용법에는 3가지 접지방식 (이미터 접지, 컬렉터 접지, 베이스 접지)이 있지만 전류 증폭을 위해서는 에미터 접지방식이 주로 사용되고 있다.

(7) 트랜지스터의 스위칭 작용

트랜지스터를 증폭이 아닌 단순히 On, Off 스위치와 같은 스위칭 동작으로 사용하기위해서는 포화영역, 차단영역을 사용하게 된다. 또한 스위치 동작을 하는 전자부품으로 릴레이가 광범위하게 사용되고 있다.

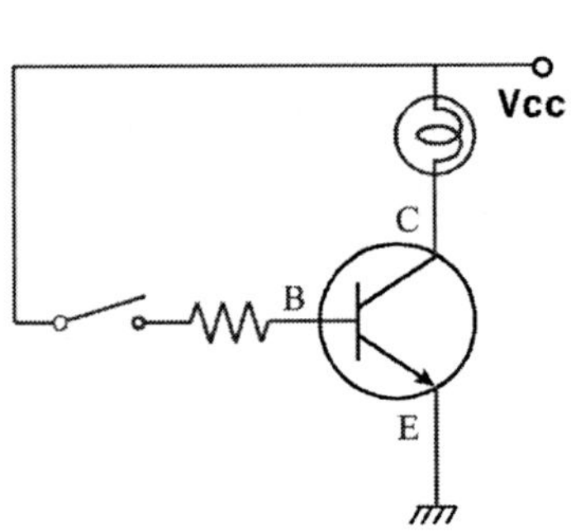

트랜지스터 스위칭 회로

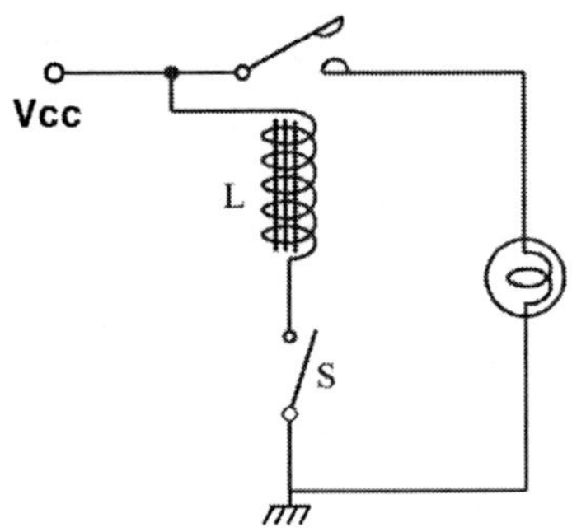

기계식 접점 릴레이 회로

1) 트랜지스터 스위칭 회로

• 스위치가 열려 있으면 베이스와 에미터에 순방향 바이어스 전압이 공급되지 않아 트랜지스터는 Off되어 컬렉터 전류가 흐르지 못하게 되어 전구도 Off된다. 이때 트랜지스터는 차단영역에 있게 된다.

• 스위치가 닫히게 되면 전원전압은 V_{BE}에 0.7V정도 걸리고 나머지는 저항에 걸리게 된다. 베이스에 있는 저항은 베이스 전류를 제한하기 위해 설정된다. 순방향 바이어스 전압이 공급되어 베이스 전류가 흐르고 트랜지스터는 포화영역에 있게 된다. 따라서 콜렉터 전류가 흐르게 되어 전구가 On된다.

2) 기계식 접점 릴레이

스위치가 열려 있으면 코일 L이 자화되지 못하여 접점 P를 닫을 수 없게 되므로 전구는 점등되지 않는다. 그러나 S가 닫히게 되면 코일의 자화력으로 접점이 닫혀 전구가 점등한다.

3) SSR(Solid State Relay)

반도체를 이용하여 릴레이와 같은 기능을 하도록 한 것이다. 릴레이의 기계적인 부분이 없기 때문에 접점고장, 노이즈가 거의 없는 무접점 릴레이이다.

• 적외선과 같은 빛을 이용해서 다이악, 트라이악과 같은 반도체를 On, Off 하는 전자식 스위치도 많이 사용되고 있다. 다음은 Photo－Triac(TLP560G)의 예를 나타낸 것이다.

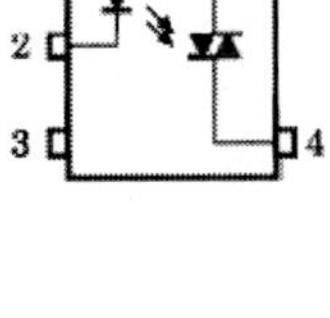

4) 기계식 접점 릴레이와 비교해서 트랜지스터의 장점

① 릴레이는 기계적인 접점으로 개폐하기 때문에 채터링(접점의 진동)이 발생하지만 트랜지스터는 전기적인 접점으로 동작이 안정된다.

② 릴레이는 접점을 기계적으로 개폐(동작지연: 5~10㎳) 하기 때문에 초당 100~200회 정도의 스위칭동작을 하지만, 트랜지스터는 1초에 1000회 이상으로 스위칭 동작이 빠르다.

③ 릴레이의 코일을 자화시키기 위한 전류보다 매우 작은 베이스 전류(㎂)로 On, Off가 가능하며 베이스 전류를 가감하여 컬렉터 전류를 제어 할 수 있다.

5) 스위칭의 예1

다음은 베이스에 계단식으로 변화하는 신호가 입력될 경우 트랜지스터가 스위치의 동작을 하면서 LED를 On, Off하는 회로이다.

베이스에 5V가 입력 되면 V_{BE}에 0.7V정도 걸리고 나머지인 5V - 0.7V = 4.3V는 3㏀ 저항에 걸리게 된다.

베이스 전류 = 4.3[V] / 3[㏀] = 1.43[㎃]

베이스 전류가 흘러 들어가면 콜렉터와 에미터 사이는 On되어 콜렉터 전류가 흐르게 되는데 콜렉터와 에미터사이의 전압은 거의 0 ~ 0.2[V]가 된다.

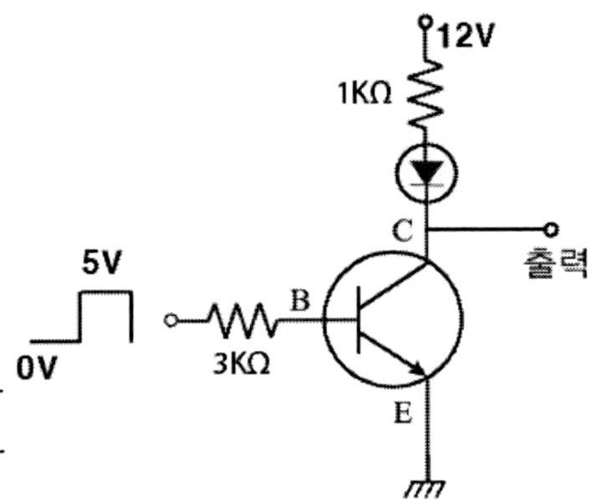

1㏀ 저항에 걸리는 전압 = 12[V] - 1.8[v] : LED에 걸리는 전압으로 종류마다 다름
= 10.2[V]

콜렉터 전류 = 10.2[V] / 1[㏀] = 10.2[㎃]

LED가 On되어 켜진다.

입력신호 0[V] : TR은 Off되어 출력전압 5V, I_C = 0[㎃]
입력신호 5[V] : TR은 On되어 출력전압 0V, I_C = 10.2[㎃]

6) 스위칭의 예2

다음은 스위칭의 예1과 거의 유사하지만 전원전압이 5V이고 각 저항의 값이 정해지지 않았다. 저항을 계산해보자. 트랜지스터의 전류증폭률 β = 100이라고 가정한다.(보통 TR의 전류증폭률 β= 100이다). LED는 10㎃ ~ 20㎃정도 흘려야 밝게 켜진다. 12[㎃]가 흐르도록 저항값을 계산한다.

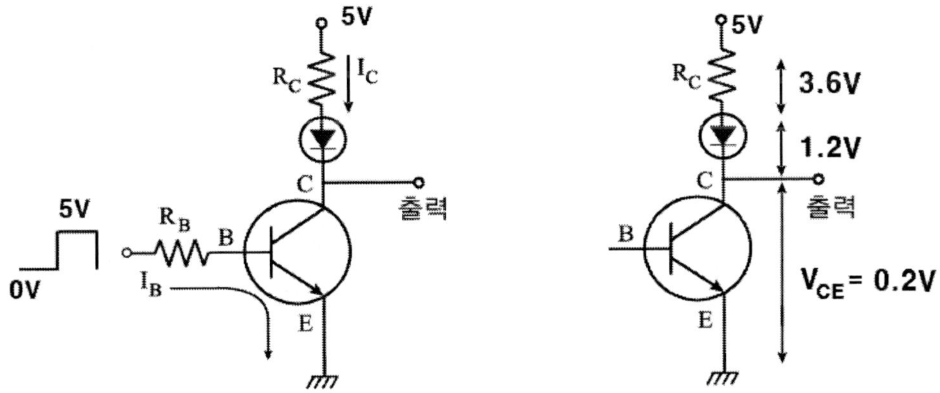

$I_B = I_C / \beta$ = 12㎃ / 100 = 120㎂

$V_{RB} = V_{BB} - V_{BE}$ = 5V - 0.7V = 4.3V

베이스저항 R_B = 4.3V / 120㎂ = 35.8㏀

트랜지스터가 충분히 포화영역으로 들어가게 하려면 베이스저항 R_B는 35.8㏀ 보다 작아야한다. 그래서 R_B = 30㏀

실제 베이스전류 I_B = 4.3V / 30㏀ = 143.3㎂
컬렉터전류는 베이스전류 I_B의 100배인 최대 14.3mA까지 포화영역에서 동작시킬 수 있다.

V_{RC} = 5V - 1.2V(LED 옵셋전압) - 0.2V(V_{CE} 포화전압) = 3.6V

R_C = 3.6V / 12㎃(LED에 흐르게 할 전류 량) = 300Ω

7) 릴레이 동작 스위칭

비교적 많이 사용하는 유도성 부하인 릴레이를 구동해보자. 릴레이 소자의 동작전류는 100㎃이다. 따라서 전류증폭률이 100이라면 베이스 전류가 1㎃이상이 되어야 릴레이를 구동시킬 수 있다.

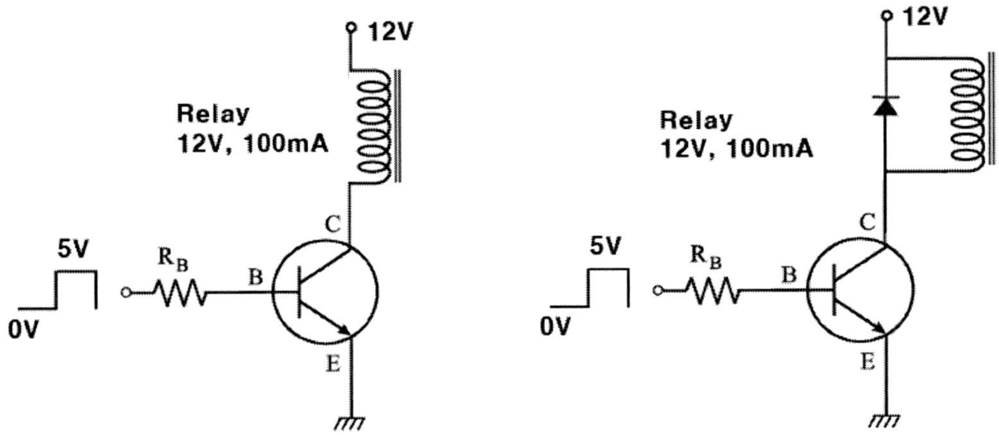

1mA의 베이스 전류를 흐르게 하기위해 베이스 저항값을 계산해보자.

V_{RB} = V_{BB} - V_{BE} = 5V - 0.7V = 4.3V

베이스저항 R_B = 4.3V / 1mA = 4.3㏀

베이스 전류가 1㎃ 이상 흐를수 있도록 베이스저항 R_B는 4.3㏀ 보다 작은 R_B = 4㏀ 정도로 한다. 다시 베이스전류를 계산하면

실제 베이스전류 I_B = 4.3V / 4㏀ = 1.075㎃

콜렉터전류 = 1㎃ × 100(전류증폭률) = 100㎃

릴레이에 연결되어 있는 다이오드는 릴레이에 전류가 흐르고 있다가 Off되면 전류

가 계속 흐르려는 관성에 의해 높은 전압의 역기전력이 발생해서 TR이 파괴된다. 이것을 막기 위해 전원과 역방향으로 연결하여 소멸 시킨다.

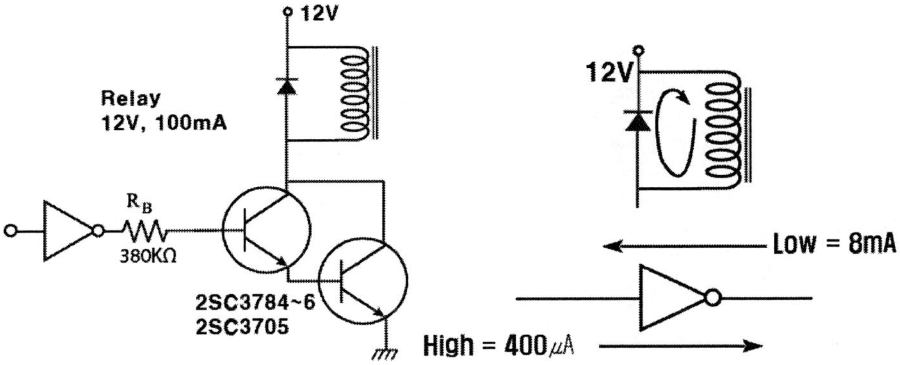

TTL IC를 사용한 릴레이 동작회로 예

실 습 1

앞에서 계산된 저항값으로 회로를 브레드보드에 구성하여 각각의 전압과 전류를 실제 측정해서 작성하시오.

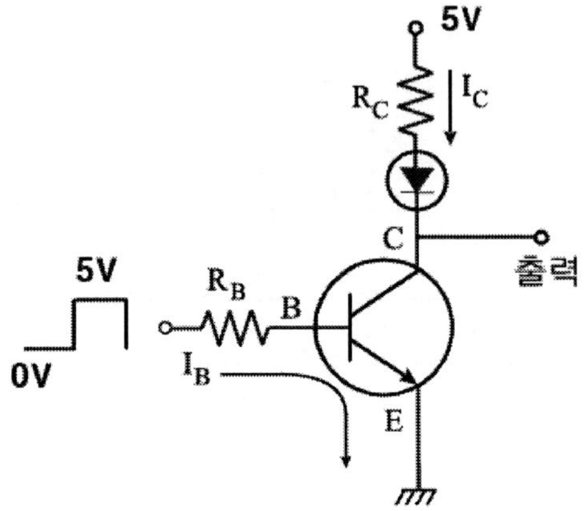

1. 준비물

브레드보드

콤보테스터

테스터

TR : 2SC1815

R_B : 30kΩ, R_C : 300Ω

LED

2. 실습방법

① 테스터를 이용해서 LED를 점검한다. ×10Ω 렌지에 LED를 테스터한다.

② 테스터를 이용해서 트랜지스터를 점검한다.

③ 브레드보드에 회로를 구성한다.

④ 펑션 제네레이터를 사용해서 구형파 펄스(1Hz)를 트랜지스터의 베이스 저항 앞에 연결해서 연속적으로 LED On, Off 하는 것을 확인한다. 이때 주파수를 1 ~ 10Hz 정도로 설정한다.

⑤ 5V 스위치로 베이스에 연결해서 직접 LED On, Off 하는 것을 확인한다.

⑥ 출력단자에 테스터 혹은 오실로스코프를 연결해서 확인한다.

3. LED의 특성에 대한 내용을 데이터 자료를 보고 확인한다.

Absolute Maximum Rating of Each Segment (Ta = 25℃)

Parameter	Symbol	Maximum Rating	Unit
Power Dissipation	P_M	80	mW
Continuous Forward Current	I_F	30	mA
Reverse Voltage	V_R	6	V
Operation Temperature	T_{opr}	−25℃ ~ 85℃	℃
Storage Temperature	T_{stg}	−40℃ ~ 100℃	℃
Soldering Temperature : 2.0mm from Body for 3 seconds at 260℃			

Electron-Optical Characteristics of Each Segment (Ta = 25℃)

Parameter	Symbol	Min.	Typ.	Max.	Unit	Test Condition
Luminous Intensity	I_V	65	75		mcd	I_F=20 mA
Forward Voltage	V_F		2.2	2.5	V	I_F=20 mA
Reverse Current	I_R			50	μA	V_R=5V
Peak Wavelength	λ_p		575		nm	I_F=20 mA
Viewing Angle	2θ1/2		35		deg	I_F=20 mA

4. 실습결과

① 콤보테스터의 구형파 펄스를 입력단에 연결하여 측정한 결과를 기록한다.

	입 력	LED 출력 확인
구형파	1Hz	
	300Hz	
5V		

② 입력단자에 5V를 연결해서 측정한 결과를 입력한다.

	V_{RB}	I_B	출력	I_C
LED On				
LED Off				

실 습 2

다음은 TR을 이용하여 릴레이를 동작하는 회로이다.

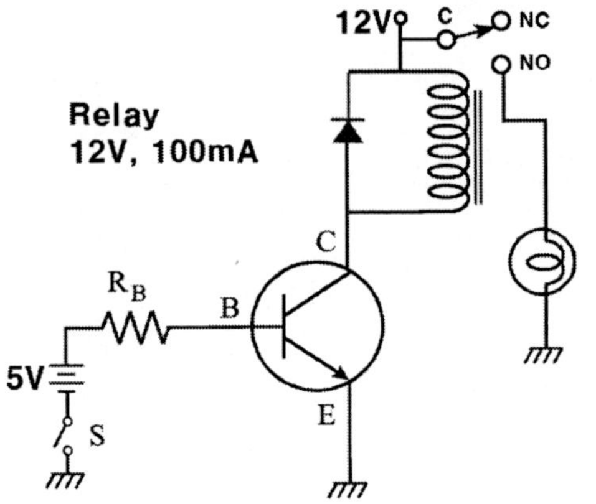

1. 준비물

브레드보드

콤보테스터

테스터

TR : 2SC1815

1N4004

R_B : 4kΩ,

Relay (12V/100mA), HR93F-DC12H) ☞

램프 12V

2. 실습방법

① 브레드보드에 회로를 구성한다.

② 릴레이는 연결클립을 이용해서 연결한다.

③ 연결이 회로와 같이 완료되면 전원을 연결한다.

④ 베이스에 연결된 스위치를 On하면 릴레이가 동작해서 램프가 켜진다.

3. 릴레이의 동작특성에 대한 내용을 데이터 자료를 보고 확인한다.

Double movable terminal

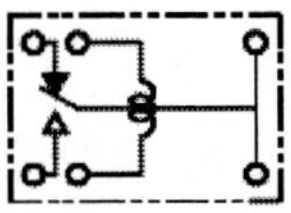

Single movable terminal

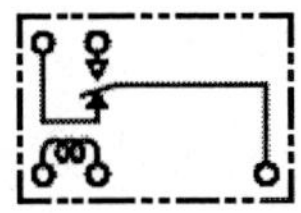

Part number	Nominal voltage (VDC)	Coil resistance (Ω ± 10%)	Nominal current (mA)	Must operate voltage (VDC)	Must release voltage (VDC)	Max voltage (VDC)	Nominal power (mW)
Single movable terminal, Standard coil							
HR93F DC03	3	20	150	2.1	0.3	3.3	450
HR93F DC05	5	56	90	3.5	0.5	5.5	
HR93F DC06	6	80	75	4.2	0.6	6.6	
HR93F DC09	9	180	50	6.3	0.9	9.9	
HR93F DC12	12	320	37.5	8.4	1.2	13.2	
HR93F DC24	24	1,280	18.75	16.8	2.4	26.4	

4. 실습결과

실습방법에 따라 측정한 값을 입력한다.

	I_B	I_C	V_{CE}	V_{RB}	
릴레이 On					
릴레이 Off					

실 습 3

비안정 멀티바이브레이터를 이용한 깜박이 회로를 만든다. 비안정은 안정 상태가 없이 두 개의 TR이 On, Off를 교대로 일정 주파수의 구형파를 만들어 내는 회로이다. 만들어진 출력 구형파를 컴퓨터나 디지털 회로의 동작 시간을 제어하기 위해 사용된다.

다음은 실습3에 관련해서 참고할 웹사이트이다.
http://cont121.edunet4u.net/hk6015/introhome.htm
http://cont121.edunet4u.net/hk6015/sub_practice/elec-circuit-multibivrator-1.htm

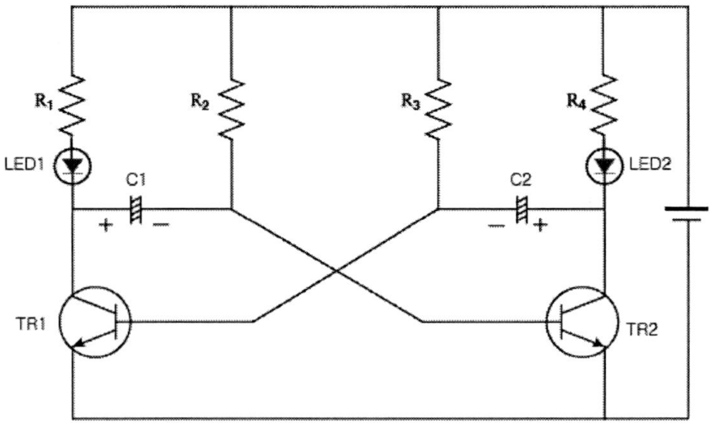

1. 회로 동작 설명

① TR형 비안정 멀티바이브레이터 발진기는 트랜지스터의 증폭회로 2단을 콘덴서로 결합하여 출력 신호를 입력으로 정궤환(positive feedback)시켜 발진하도록 하고 있다.

② TR1에 전류가 흐르면 콘덴서 C1이 서서히 충전을 하여 전원 전압까지 상승한다.

③ TR2는 콘덴서 C1의 충전에 의하여 서서히 역바이어스로 되어 TR2에 흐르는 전류가 차단되고, 콘덴서 C2의 전압이 증가하게 된다. (LED1 : 점등, LED2 : 소등)

④ 콘덴서 C2의 전압의 증가는 TR1의 바이어스 전압을 더욱 상승시키므로 TR1은 포화되고, TR2는 차단되어 버린다.

⑤ 잠시 후 콘덴서 C1의 충전전압은 R2를 통해 서서히 방전되어, 다 없어지면 TR2가 R2에 의해서 순바이어스가 되므로 전류가 흘러 콘덴서 C2가 서서히 충전을 시작하여 전원전압까지 상승한다.

⑥ 따라서 TR1이 서서히 역바이어스되어 콘덴서 C1의 전압이 더욱 상승하므로 TR2는 포화되고 TR1이 차단되어 버린다. (LED1 : 소등, LED2 : 점등)

⑦ 잠시 후 콘덴서 C2의 충전전압이 서서히 방전되어, 다 없어지면 TR1이 R3에 의해서 순바이어스가 걸리게 되므로 전류가 흘러 처음과 같은 상태를 반복하게 된다.

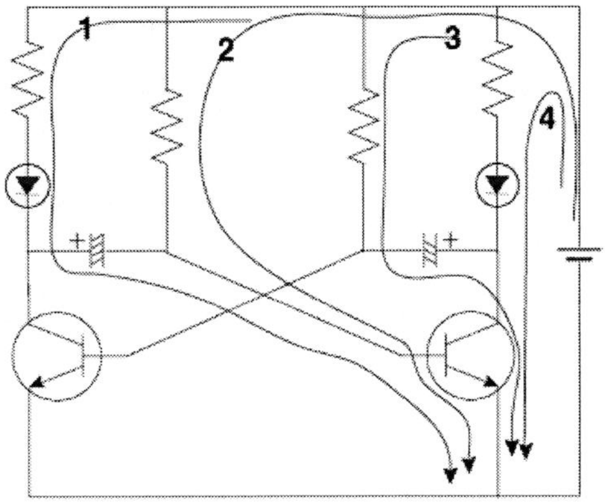

⑧ 결국 위의 회로는 전원을 연결하면 LED1과 LED2가 일정한 주기를 가지고 교대로 깜빡거리는 동작을 하는 회로이다.

⑨ 이 때 발진 주기는
$T = R2 \times C1 + R3 \times C2 = 0.69$ [sec]이다.

2. 준비물
브레드보드
콤보테스터
테스터
2SC1815 2개
LED 2개
전해콘덴서 22㎌ / 10V 2개
저항 470Ω(R_A, R_D) 2개
저항 22kΩ(R_B, R_C) 2개

3. 실습방법
① 브레드보드에 회로를 구성한다.
② 연결이 회로와 같이 연결되면 전원을 연결한다.

③ LED가 깜박이는지 확인한다.

④ 오실로스코프를 이용해서 TR 컬렉터에 구형파 펄스의 출력을 파형으로 확인하고 계산한 주기와 비교해본다.

⑤ 측정파형과 측정된 주기, 주파수를 표에 기록한다.

4. 실습결과

① 실습방법에 따라 측정된 값을 입력하시오 .

	계산식	스코프 측정
주기		
주파수		

② 오실로스코프의 파형을 그리시오.

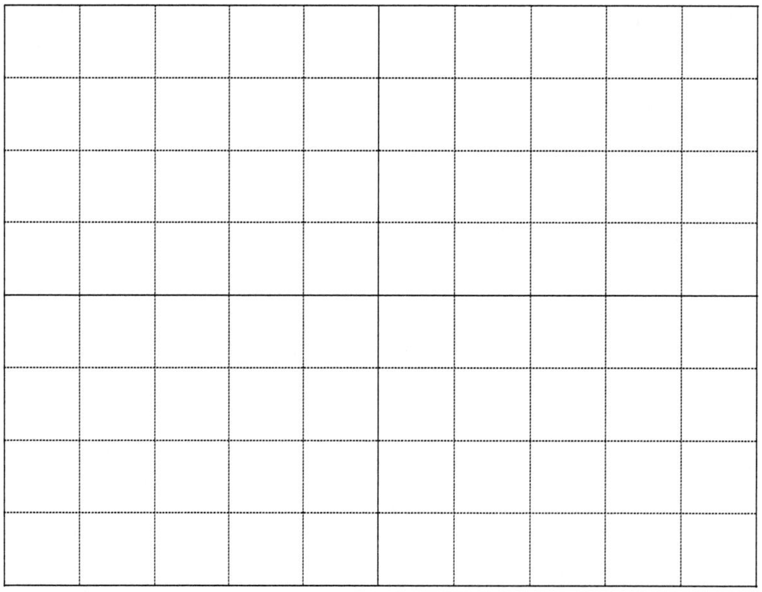

12

납땜

Digital Circuit Practice

1. 납땜

납땜은 땜납을 녹여 2개 이상의 금속제를 결합시켜 전류가 잘 흐르도록 만드는 것이다. 땜납의 성분은 일반적으로 전자회로 기판용으로 주석(Sn) 50%, 납(Pb) 46.43%, 구리 등 기타 미량 함유되어 있다.

(1) 전기인두

보통 열을 많이 빼앗기는 새시에 땜을 할 경우는 인두 열용량이 80W급을 사용하고 가정용 내선연결과 같은 범용 전자회로의 납땜용에는 30 ~ 40W급을, 인쇄회로 기판용으로는 20W급을 사용하면 된다.

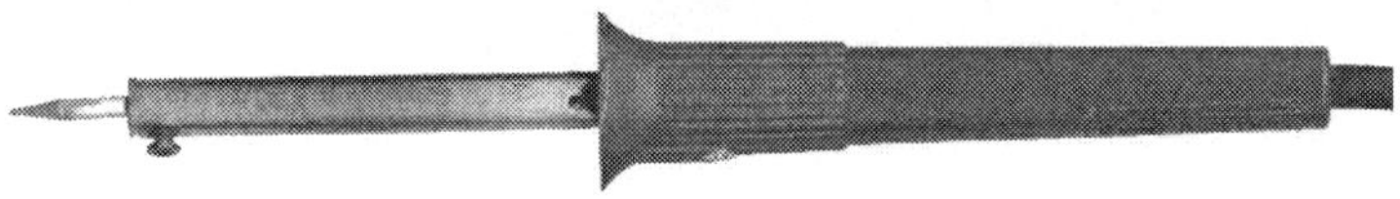

(2) 전기인두의 납땜방법

① 전기인두의 팁 부분을 스펀지, 철수세미로 닦아낸다. 그리고 납땜하고자하는 금속 부분을 깨끗하게 한다.

② 납땜에서 중요한 점은 온도조절이다. 인두 끝이 230 ~ 280℃ 정도 되어야 적당하다.

③ 납이 녹은 상태에서 2초내로 접합을 완료한다. 3초 이상 열을 받으면 땜납 속의 송진이 증발해서 찌꺼기를 남기고 보호막이 없어져 납이 쉽게 산화한다.

④ 납이 녹는 것을 확인하고 적당하게 퍼지는 시간에 맞추어 짧은 시간내에 완료하는 것이 중요하다.

(3) 납땜 작업시 유의 사항

① 환기를 한다.

② 인하물을 납땜인두 근처에 두지 않는다.

③ 납땜인두는 반드시 인두 받침대에 안전하게 위치시킨다.

④ 인두팁에 손이나 옷이 닿지 않도록 주의한다.

⑤ 납땜위치에서 얼굴을 30Cm 정도 간격을 두어서 작업하되 지나치게 상체를 굽혀서 납 연기를 흡입하지 않도록 한다.

(4) 납땜의 5단계

① 납과 인두를 준비하고 작업대에 위치시킨다.

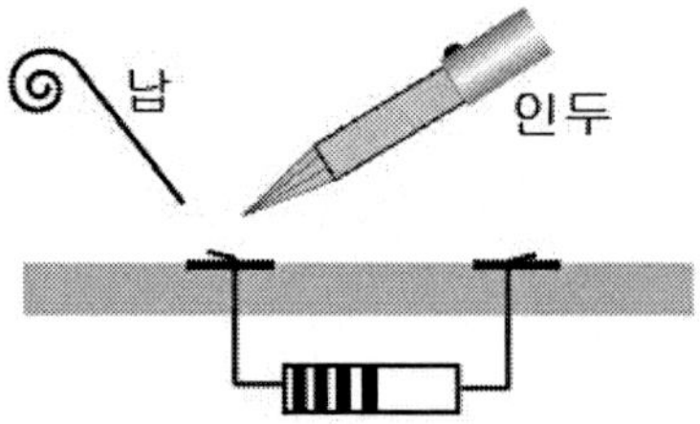

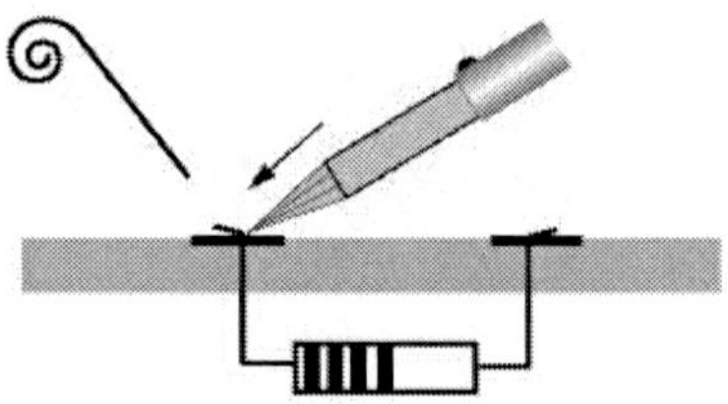

② 인두를 모재에 약간의 압력을 가해 1 ~ 2초정도 열을 가한다.

③ 납을 인두의 뾰족한 끝에 대고 녹여서 납이 퍼지는 것을 확인한다. 2초내로 완료한다.

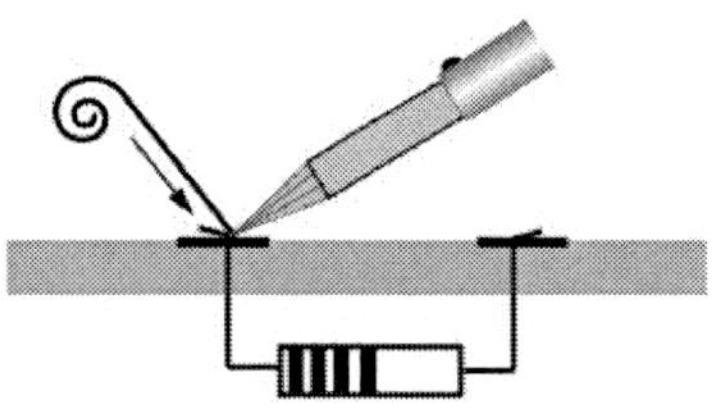

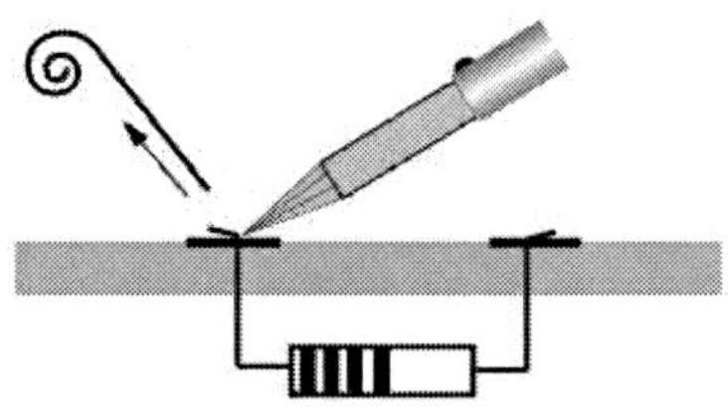

④ 납을 후퇴한다.

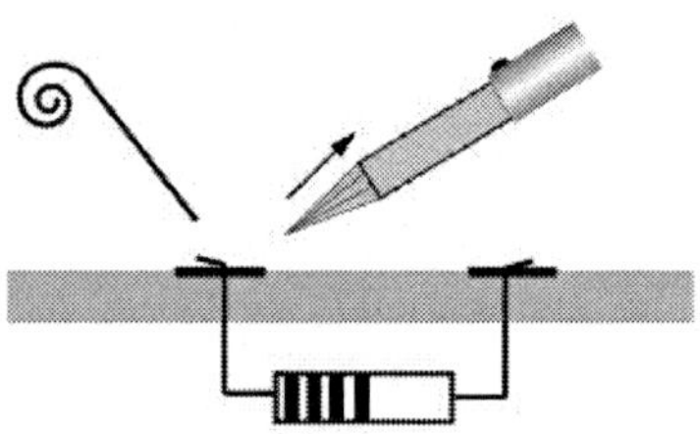

⑤ 인두를 모재에서 후퇴한다.

(5) 납땜 모양

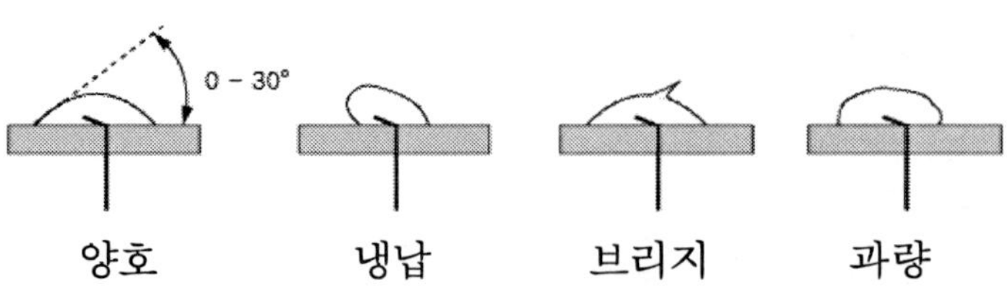

(6) 인쇄회로 기판과 부품 납땜 방법

기판에 부품을 삽입하여 납땜하는 경우는 다음의 그림과 같이 한다.

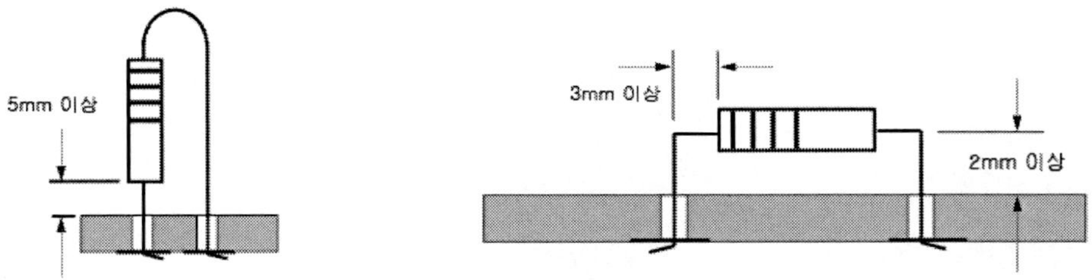

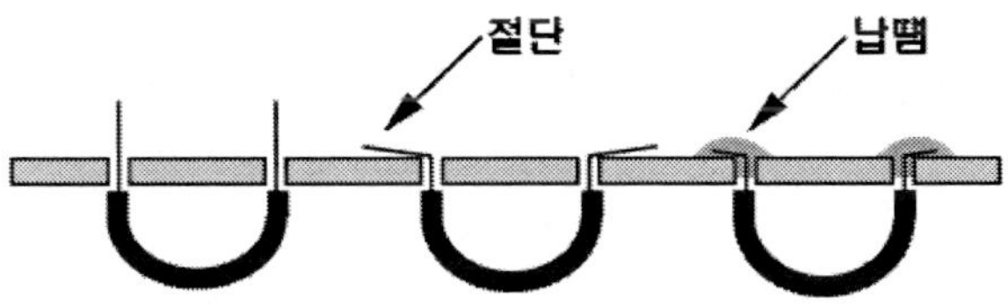

(7) 실납과 송진(플럭스)

실납의 굵기는 1~1.6mm 정도이고 중심에는 송진이 들어있다. 송진은 납보다 먼저 녹아서 표면을 청결히 하고, 납땜이 완료되면 납의 표면에 피막을 형성해서 산화를 방지한다.

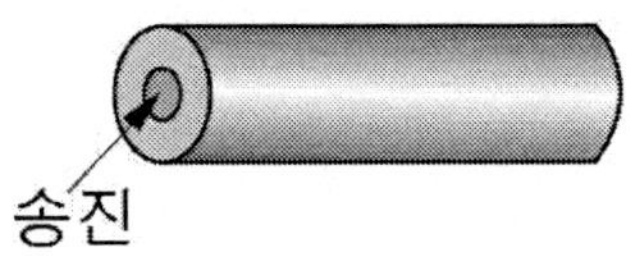

(8) 납땜 도구

다음은 납땜 작업을 할 때 필요한 도구들이다.

- 납흡입기 : 납땜이 잘못되었거나 부품을 제거해야 할 때 납을 녹여 빨아내는 도구이다.

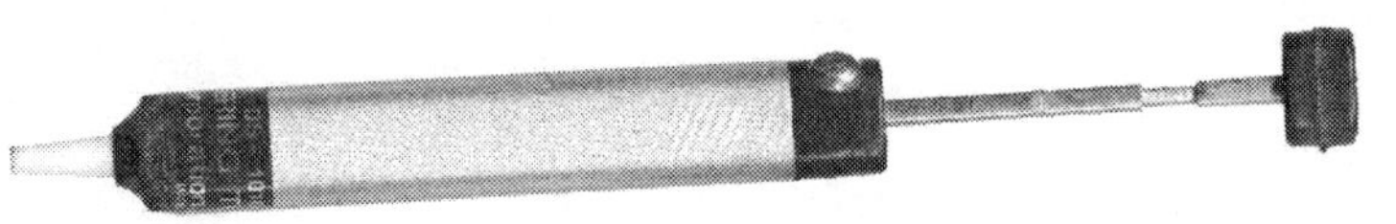

• 납제거선 : IC기판과 같이 복잡한 부분은 납흡입기 사용이 어렵다. 이러한 곳에는 녹인 납을, 가는 구리선이 촘촘하게 짜여진 납제거선으로 흡수하여 제거한다.

• 납땜 페이스트 : 납땜할 곳에 녹이 슬었거나 청결하지 못한 곳을 납땜할 때 페이스트를 바르고 납땜을 한다. 페이스트의 산 성분 때문에 납땜 후 깨끗이 닦아내어야한다.

• Wire Stripper : 선의 피복을 벗기는 도구이다. 선 굵기에 맞추어 사용하면 피복을 벗기는데 편리하다.

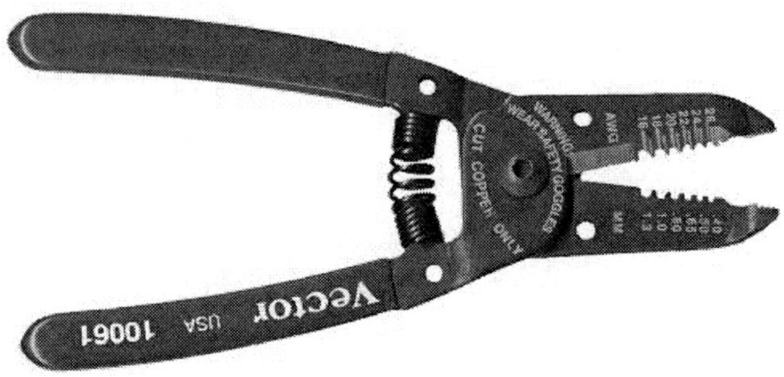

• 롱노즈와 니퍼 : 롱노즈는 선을 구부리거나 선을 집을 때 사용한다. 니퍼는 부품의 긴 선을 자르거나 도선을 자를 때 편리하다.

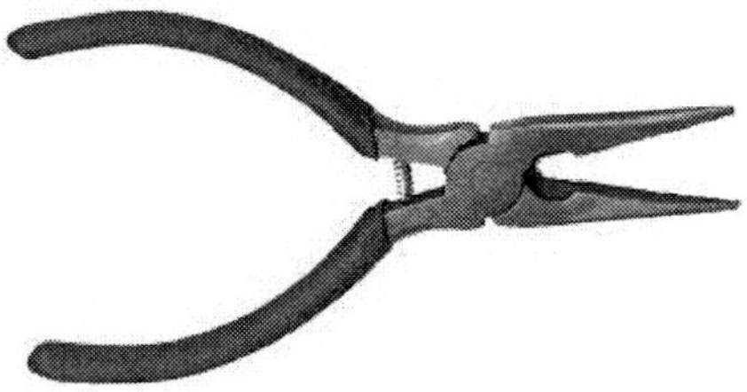

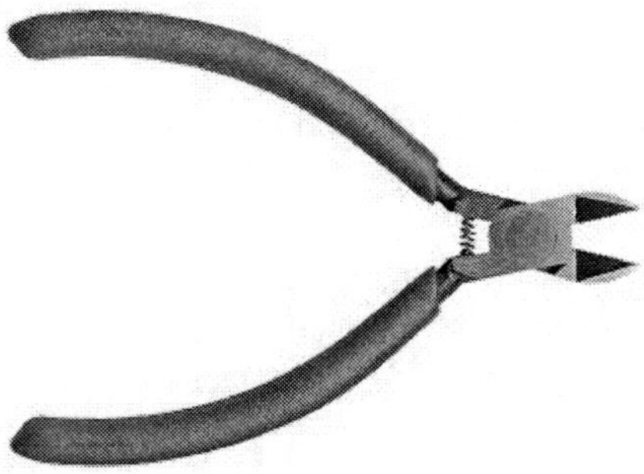

• 기판 받침대 : 기판에 납땜을 할 때 기판이 움직이지 않도록 고정시켜주는 도구이다. 부품이 기판에 부착된 상태에서 납땜할 때 특히 편리하다.

2. 납땜 실습

1) 만능기판에 다음과 같이 연습을 한다.

①

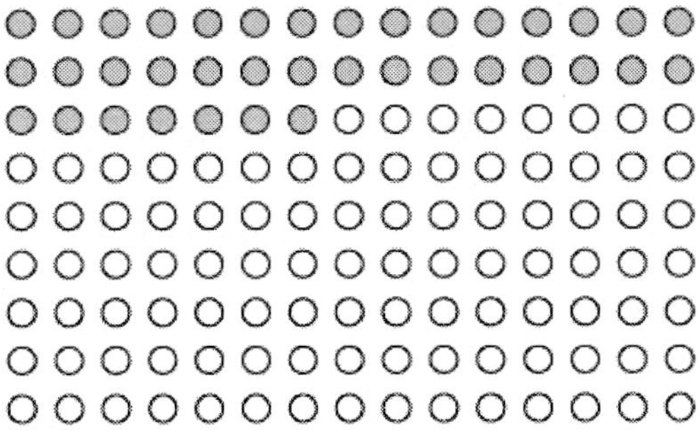

②

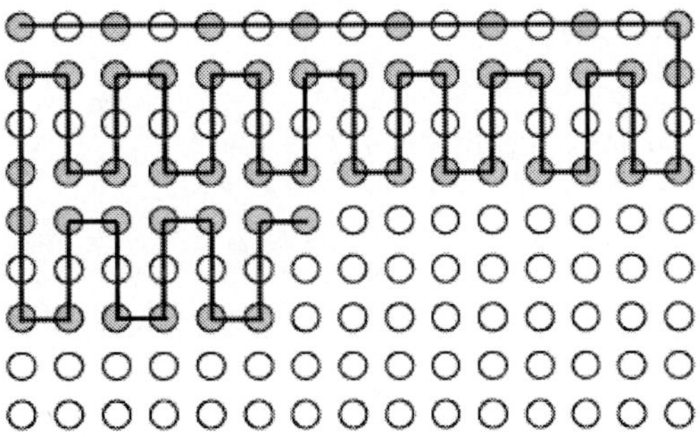

③

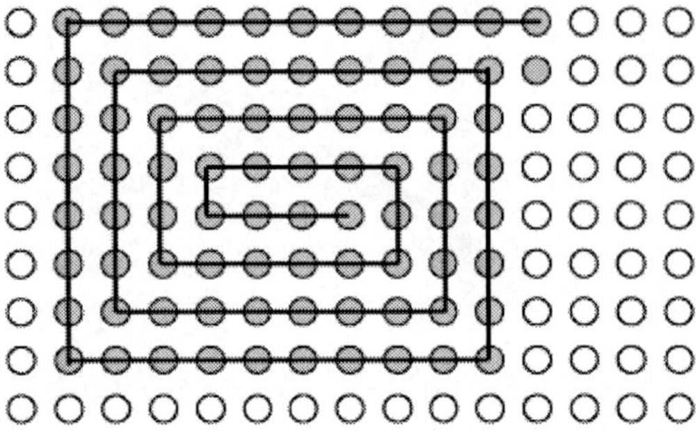

④ 각자의 이름을 납땜한다.

2) 저항 납땜 방법에 따라 알맞게 구부리고 잘라서 기판에 각각 5개씩 납땜으로 부착한다.

3) 납제거기를 이용해서 저항을 제거해본다.

(3) 준비물

납땜인두 : 30W이하
롱노즈
니퍼
납제거기
기판받침대
만능기판 : 일반용
납
저항 5개
리드선

13

테스터/브레드보드 사용법

1. 테스터 사용법

테스터(Tester)는 회로시험기(Circuit Tester), 멀티테스터(Multi Tester)를 줄여서 부르는 말이며 전기, 전자 분야에서는 측정을 위해 많이 사용되는 도구이다.

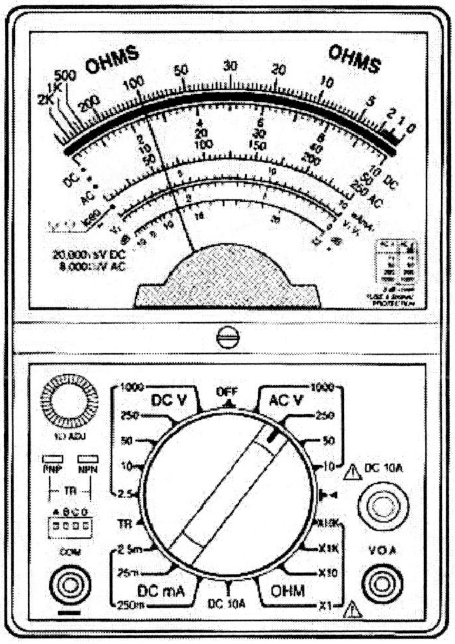

측정대상 : 직류 전압, 전류, 교류전압, 저항, 커패시터, 코일의 간이테스터, 단선 유무 테스터 등을 기본으로 측정한다.

부가기능 : Diode 및 LED측정, TR 극성 및 양부측정, 데시벨(dB) 측정 등

• 테스터에는 두 종류의 전지가 사용된다. 1.5V전지 두 개(3V)와 9V 전지를 사용한다. ×1R ~ ×1K 렌지까지는 3V 전지를 사용하고 ×10K 렌지는 9V전지를 사용한다.

따라서 각각의 저항 렌지에서 영점 조정이 안될 때는 해당전지를 새것으로 교체해야한다.

(1) 측정 방법

주의 : 테스터를 저항을 측정하는 렌지에 두고 전원장치에 직접 연결하여 저항값을 측정하면 손상을 초래할 수 있다. 저항렌지에는 저항만 측정해야한다.

1) 저항 측정

① 기계적 영점⊖을 조정한다. (바늘이 왼쪽 끝에 일치하도록 드라이버로 조절한다.)
② 렌지의 중간인 1KΩ을 선택한다.
③ 테스터 리드를 서로 접속하여 영점 손잡이◎를 이용해서 영점을 조절.
④ 저항기 양단에 테스터 리드를 연결하여 값을 읽는다. 저항은 극성이 없다.
⑤ 가르키는 눈금 값과 렌지의 배율을 곱하여 값을 읽는다.

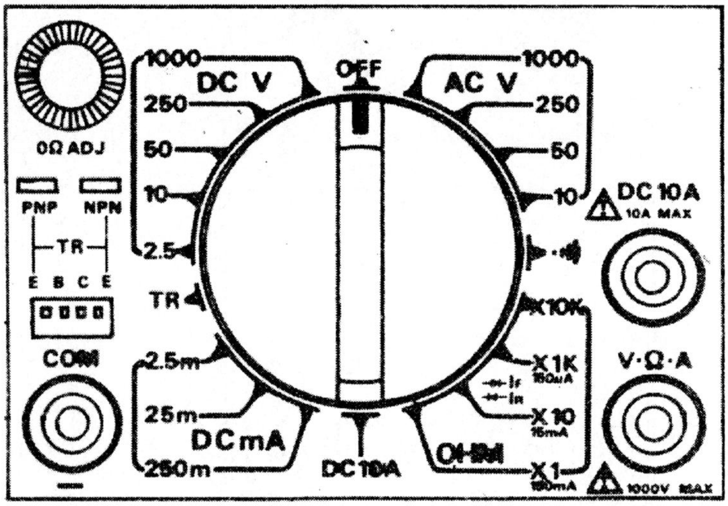

실습 : 저항 측정하기

No	컬러코드				표시값	측정값1	측정값2

2) DC전압 측정

① 직류전압의 크기를 모를 때는 높은 전압 렌지를 선택한다.

② 극성이 있어 적색 단자막대를 +에 검정색 단자 막대를 —에 연결한다.

③ DC 눈금판에서 렌지에 맞는 눈금을 읽는다.

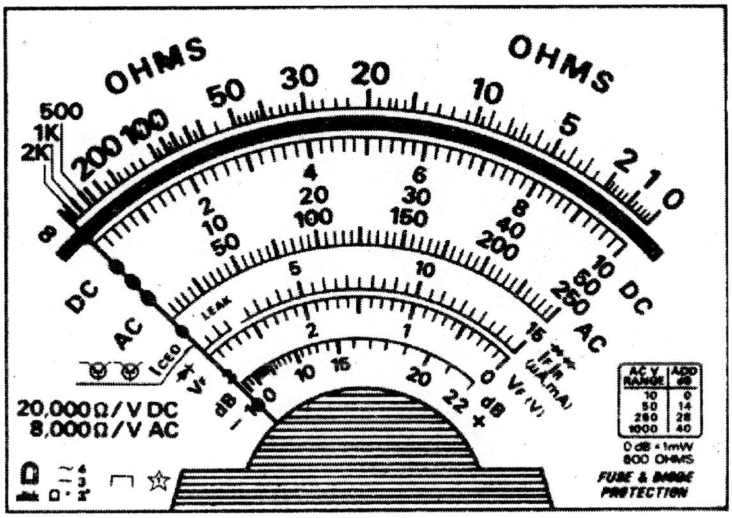

실습 : DC전압 측정

직류전압원	표시값	측정값	비고
건전지			
건전지			
어댑터			
수은전지			

3) 직류전류 측정

① 정확하게 모르는 전류를 측정할 때는 높은 렌지를 선택한다.

② 테스터는 회로를 끊고 직렬로 연결한다.

③ 극성이 있어 적색리드는 +에 검정색 리드를 —에 연결한다.

④ 전류렌지 설정하고 전압을 측정하면 즉시 계기의 파손 위험이 있다.

실습 : 직류전류 측정하기

① 브레드보드에 다음의 회로와 같이 저항과 직류전원을 연결한다.

② 각 지점들에 해당되는 부분의 선을 분리시켜 테스터를 직렬로 연결하여 직류 전류를 측정한다.

③ 반드시 전류가 흐르는 방향에 대해 극성을 확인한다.

④ 측정하고자 하는 전류의 크기를 모를 때는 가능한 큰 렌지의 전류값을 선택한다.

⑤ 확인한 값을 다음의 표에 작성한다.

⑥ 이론적으로 계산한 전류 값과 비교해본다.

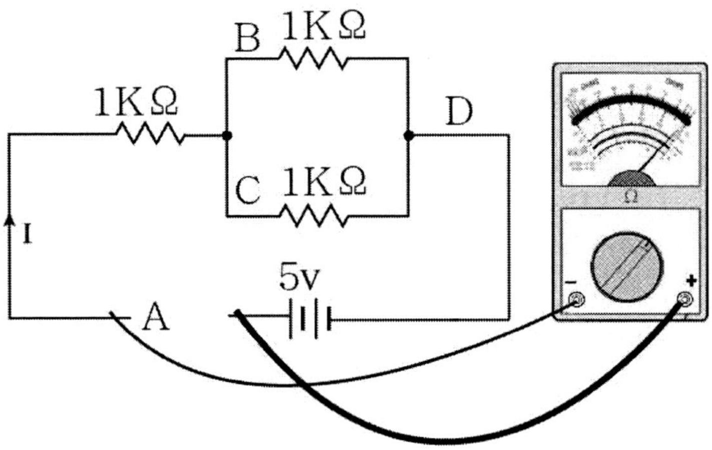

측정점	기호	계산값	측정전류값	비고
A	I_A			
B	I_B			
C	I_C			
D	I_D			
LED				

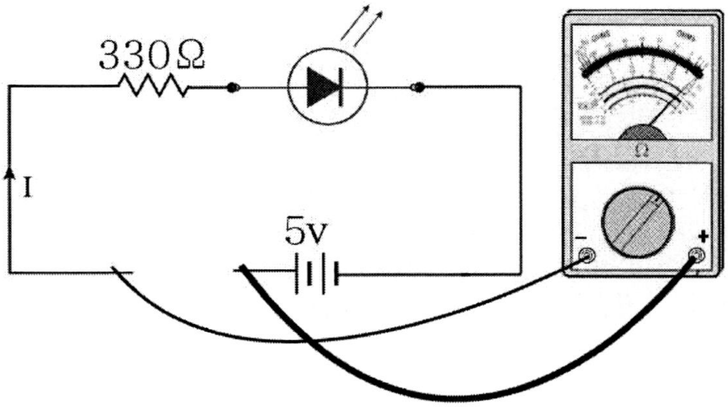

4) 교류전압 측정

교류전압을 측정할 때는 테스터의 교류전압 렌지설정을 꼭 확인한다.

① DC 전압 측정방법과 같지만 극성이 없다.

② 교류의 주파수는 보통 1KHz 이내의 범위에서 사용한다.

실습 : 교류전압 측정하기

교류사용은 감전의 위험이 있어 항상 주의해야한다

① 아래의 그림과 같이 회로를 구성한다.

② 트랜스포머의 1차측 220V를 측정하기위해 렌지를 AC 250V 렌지에 둔다.

③ 테스터를 사용하여 측정한다.

④ 트랜스포머의 2차측 교류전압을 측정하기위해 렌지를 적당한 크기로 설정하고 측정한다.

측정위치	테스터 렌지	측정값	비 고
1차	0 - 220V		
2차	0 - 6V		
	0 - 9V		
	0 - 12V		
	6V - 9V		

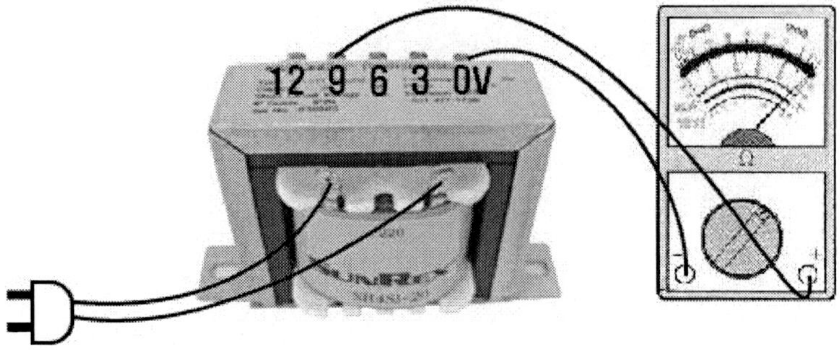

5) 교류전류 측정

테스터로 직접 교류전류를 측정할 수 는 없다. 저항을 연결해 전압을 측정해서 전류를 계산한다.

실습 : 교류전류 측정하기

① 1KΩ 저항을 측정지점에 그림과 같이 연결하고 교류전압을 측정한다.

② V=IR 식에서 교류전류를 계산한다. 1Ω 저항을 연결하고 측정하면 V = I가 된다.

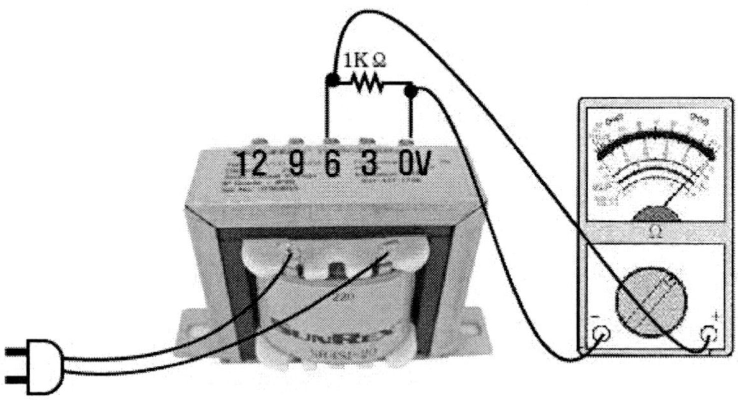

6) 도통(단선)테스터

선이 끊어져 있는지, 접점의 상태가 나빠져 전류가 흐르는지 등을 점검 할 수 있다.

실습 : 도통(단선)테스터

① 대부분의 테스터에 도통테스터 기능을 두어 선이 연결되어 있으면 삐~ 하는 소

리가 나도록 되어있다.

② 저항렌지 옆 🕪 경보음 표시에 렌지를 선정하고 테스터 리드를 측정물 양 끝에 연결한다.

7) 커패시터 테스터

커패시터 콘덴서의 양, 불량을 간단하게 측정할 수 있으나 용량을 측정할 수는 없다.

실습 : 콘덴서 측정

① 커패시터의 양부를 간단하게 테스터 할 수 있다. 저항렌지 100Ω 혹은 1KΩ을 선택한다.

② 커패시터에 테스터의 단자를 연결하면 크게 움직였다가 0점으로 복귀한다. 극성을 반대로 연결하면 바늘이 더 크게 움직인다.

③ 용량이 적을수록 높은 저항렌지를 선택한다.

④ 바늘이 0 혹은 ∞를 가르키면 내부 단선인 것으로 판단할 수 있다.

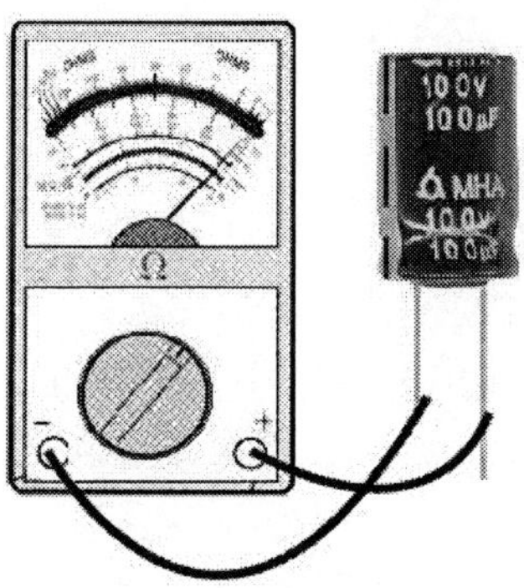

콘덴서	용량값 기록	양, 불량
전해콘덴서		
전해콘덴서		
세라믹		
세라믹		
마일러		

8) TR 테스터

① 멀티테스터 제품중에는 부가기능으로 트랜지스터의 양, 부를 판단할 수 있는 기능이 있는 것들도 있다.

② TR의 누설전류 I_{CEO}를 측정할 수 있는 기능도 제공한다.

③ 테스터를 이용하면 TR의 에미터(Emitter), 콜렉터(Colector), 베이스(Base)를 찾을 수 있다.

실습 : 트랜지스터 극성 찾기

베이스 단자 찾기

① 저항렌지를 100Ω 혹은 1KΩ에 두고 하나의 테스터 리드를 임의의 TR 단자에 대고 남은 테스터 리드를 TR의 남은 단자에 교대로 대어본다.

② 이때 테스터가 0Ω 부근의 작은 저항값을 지시하는 접속 상태에서 PNP TR이면 적색테스터 리드에 연결된 단자가 Base이고, NPN TR이면 흑색테스터 리드에 연결된 단자가 Base가 된다.

컬렉터단자 찾기

① 저항렌지를 10KΩ에 두고 TR의 베이스이외 나머지 두 개의 단자에 테스터 리드를 교대로 대어본다.

② 테스터가 작은 저항값을 지시하는 접속상태에서 PNP TR이면, 흑색테스터 리드에 연결된 단자가 Collector이고 NPN TR이면 적색테스터 리드에 연결된 단자가 콜렉터가 된다.

③ 나머지가 Emitter가 된다.

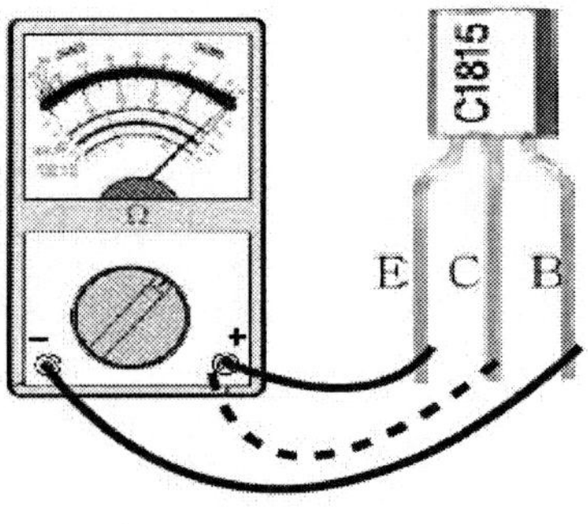

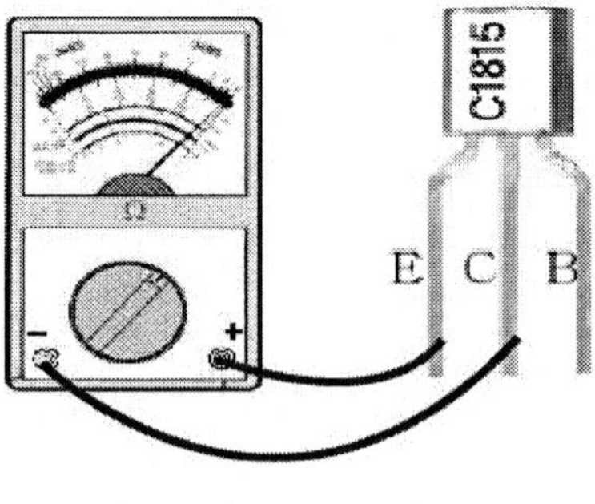

TR	극성 표시	비고
PNP		
PNP		
NPN 2SC1815		
NPN 2SD288		

9) 다이오드 테스터

① 테스터를 100Ω 렌지를 선택한다.

② 다이오드 단자 양쪽에 테스터 리드를 대어본다. 그리고 반대로 대어본다. 한번은 저항값이 작게 나타나고 다른 한번은 큰 저항 값이 나타난다.

③ 저항값이 작게 나타난 경우 흑색테스터 리드에 연결된 다이오드 단자가 애노드(+)가 되고 나머지는 캐소드(-)가 된다.

실습 : 다이오드 극성 및 양, 불량 찾기

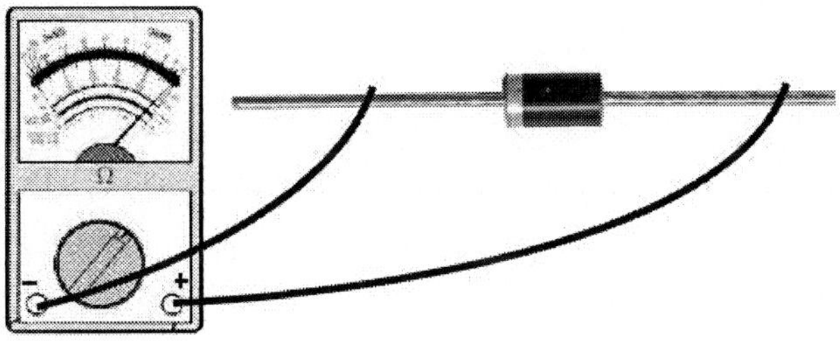

다이오드	다이오드를 그려서 A, K 표시	양, 불량 표시
1N4001		

10) 발광다이오드(LED) 극성 찾기

발광다이오드는 극성이 있다. 제품으로 만들어져 나오는 LED는 +의 다리가 길게 만들어져 있어 외형적으로만 보아도 판별 할 수 있으나 양품인지 판별을 위해서는 테스터를 사용해서 확인해야 한다.

① 다이오드와 비슷한 특성을 가지고 있어 극성을 가지고 있다.

② 발광다이오드는 10mA 정도 전류가 흐르면 켜진다.

실습 : 발광다이오드(LED) 극성 찾기

① 테스터를 저항렌지 10Ω에 둔다. 10Ω 렌지에는 15mA가 흐른다고 표시되어 있다.

② 테스터 리드를 LED양단에 교대로 대어봐서 LED가 켜지도록 한다.

③ LED가 켜질때 흑색테스터 리드에 연결된 LED 단자가 애노드(+)가 되고 적색테스터 리드에 연결된 부분은 캐소드(-)가 된다.

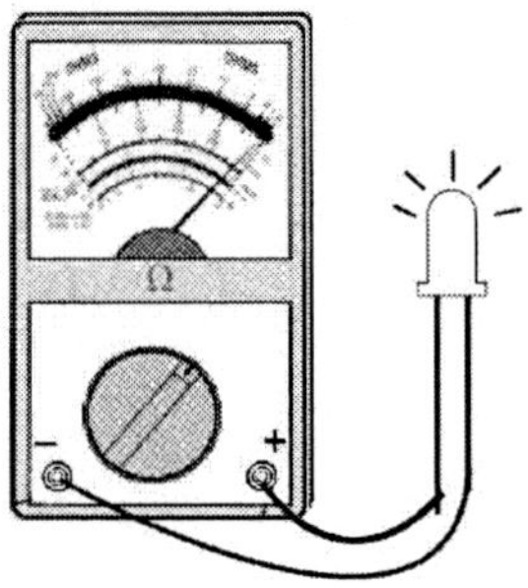

LED	그려서 A, K표시	양, 불량
적색		
황색		
고휘도 LED		

11) 클렘프미터(후크미터)

일반 전류계나 멀티미터를 이용해서 직류전류 혹은 교류전류를 측정해야할 경우, 측정하고자 하는 곳에 직렬로 연결해야하므로 전원을 분리하거나 회로를 분리해야하는 불편함이 있다. 클램프미터를 사용하면 회로에 전기가 흐르고 있는 상태에서 전류를 간편하게 측정할 수 있다. 도선에 전류가 흐르면 발생하는 자기장의 변화를 이용하여 전류를 측정하게 된다.

주요특징은 다음과 같다.

① 측정범위가 0.1[A] - 2000[A]까지 커다.
② 내부에 마이컴이 탑재되어 있어 측정값들의 최대, 최소 등 표시
③ 홀소자를 사용한 자기회로의 직선성이 우수한다.
④ 전류의 방향도 표시
⑤ 휴대편리

실습 : 교류전압, 전류 측정하기

	교류전압	교류전류	기타
전기인두			
오실로스코프			
전원장치			

12) 측정의 오차

측정에는 다음과 같은 오차들이 있다.
① 측정기 자체의 허용오차
② 읽기, 눈금의 간격 등에 의한 오차
③ 전압계의 내부저항(V당 20KΩ 으로 10V렌지에 두면 테스터의 저항은 200KΩ)

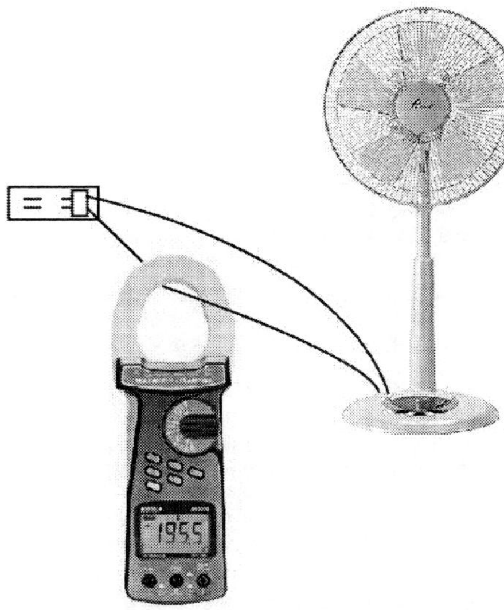

아래 그림의 경우 40KΩ에 4V의 전압이 걸리지만 테스터의 내부저항에 의해 40KΩ // 200KΩ의 병렬합성저항 33.3K로 줄어들어 3.85V가 걸리게 된다.

오차율은 4V — 3.85V = 0.15V, 0.15V / 4 × 100 = 3.75%가된다.

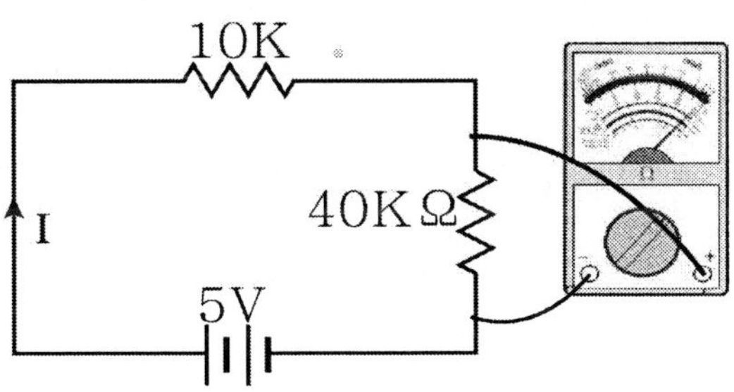

2. 브레드보드와 기판

전기전자회로에 사용하는 회로를 구성하도록 얇은 절연판에 구리와 같은 얇은 도체를 붙여 제작한 것을 인쇄회로기판(PCB: Printed Circuit Board)이라고 한다.

인쇄회로기판에 전기전자 부품을 부착하기 위해서 납땜을 한다. 납땜을 하지 않고 간단히 회로를 구성해서 시험해보거나 특성을 파악하기위해 일시적으로 회로를 구성할 때는 브레드보드(Bread Board)를 사용하는 것이 편리하다.

(1) 브레드보드

아래의 그림이 브레드보드의 구성을 보인 것이다. 전원선으로 사용하는 2줄로 된 버스 스트립(Bus Strip)과 부품을 부착하는 소켓 스트립(Socket Strip)으로 구성되어 있다.

브레드보드는 부품을 꽂기에 알맞도록 설계되어 있으며 전선은 양쪽의 피복을 3mm ~ 5mm 정도 벗겨서 사용한다. 스트립들은 5개의 구멍이 연결되어 있는 구조로 되어 있다.

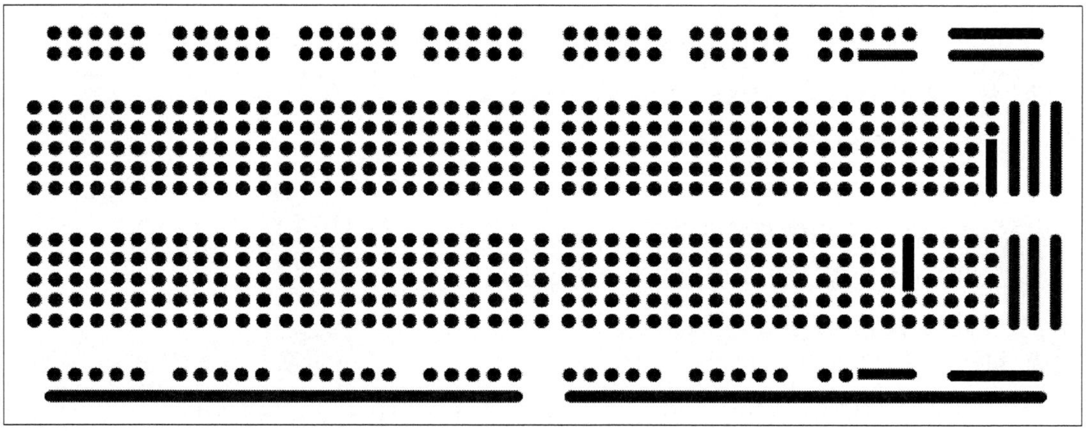

다음은 실제 실습에 사용할 브레드보드이다. 전원공급기에서 필요한 전원을 선택해 브레드보드에 연결해서 사용한다.

① 직류전원 공급기와 브레드보드를 연결

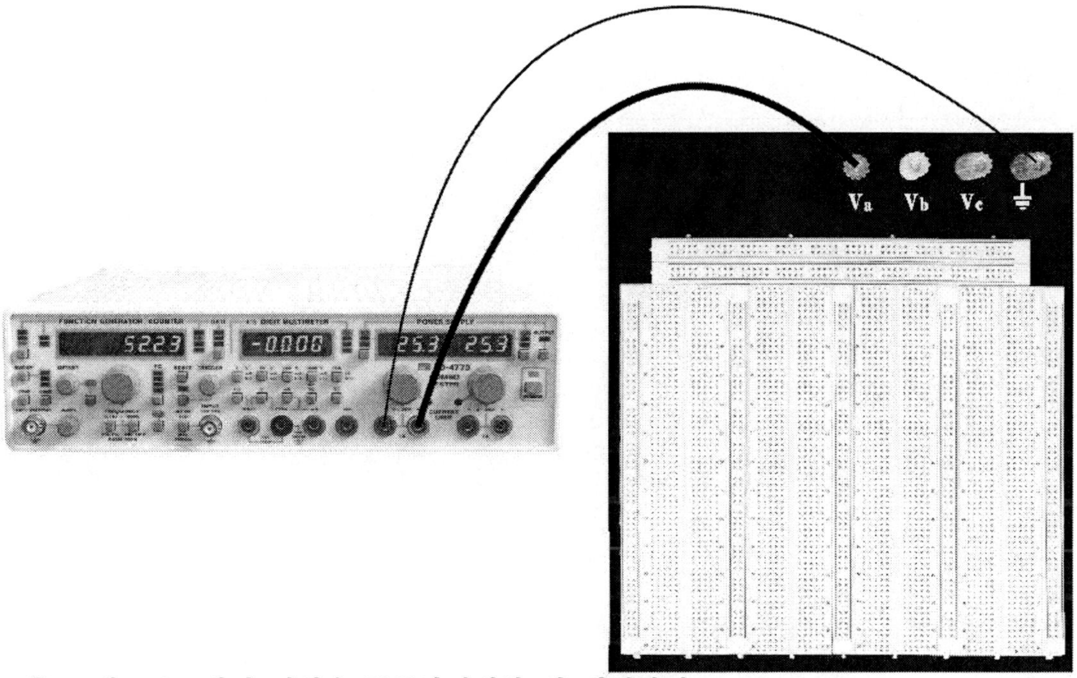

② 브레드보드에서 전원을 공급하기위한 선 연결방법

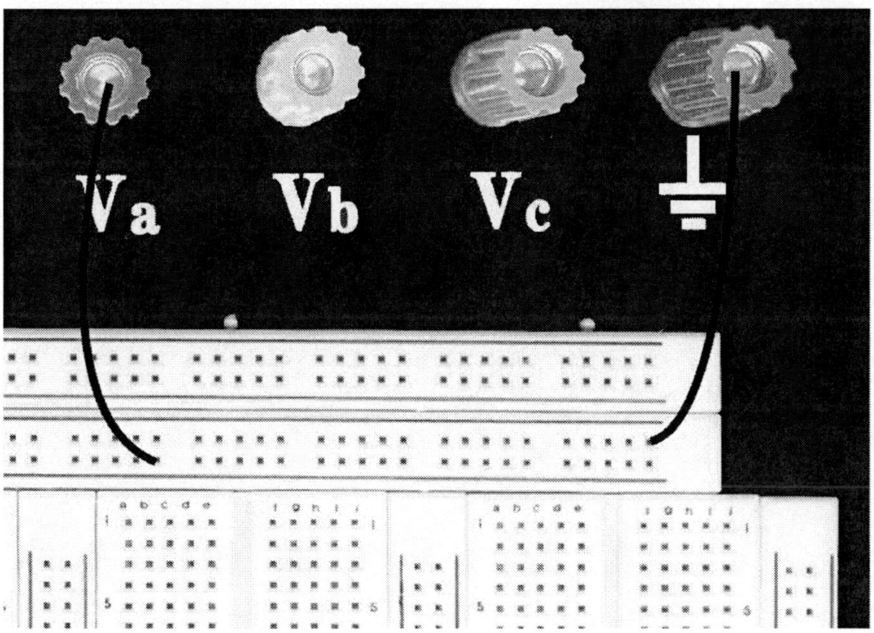

③ 브레드보드에 회로를 구성한 예

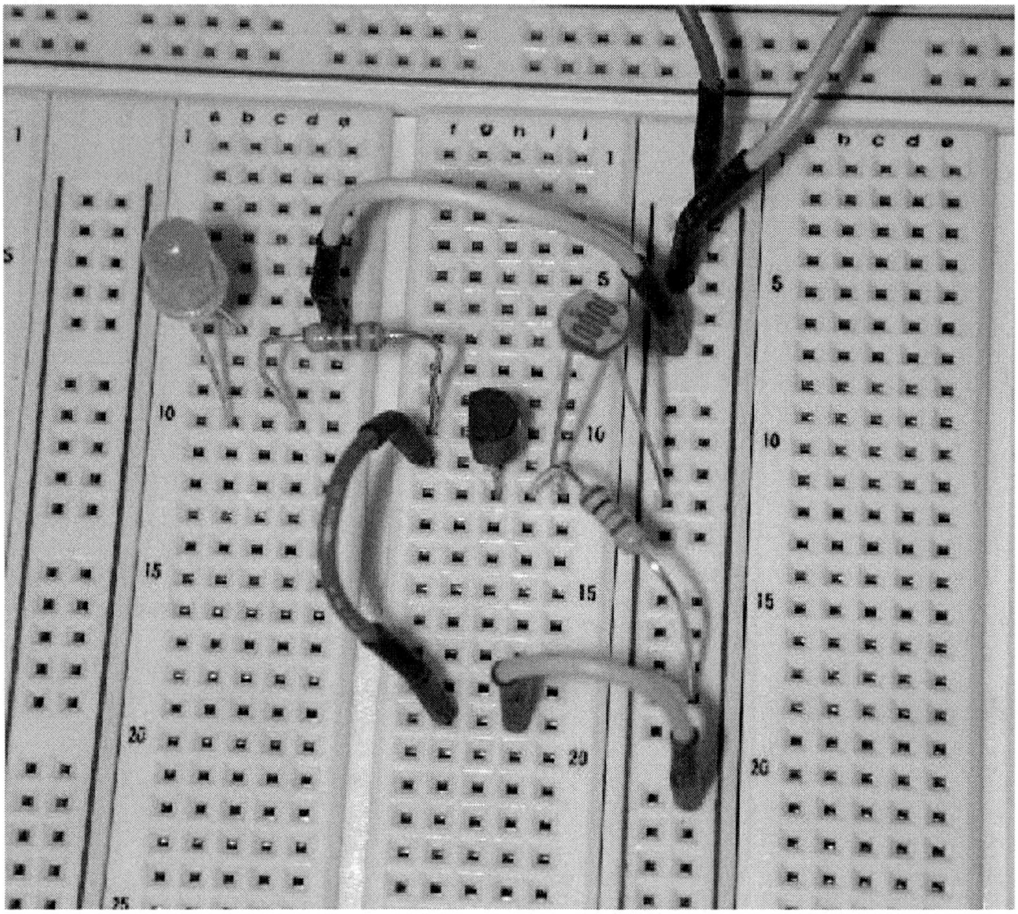

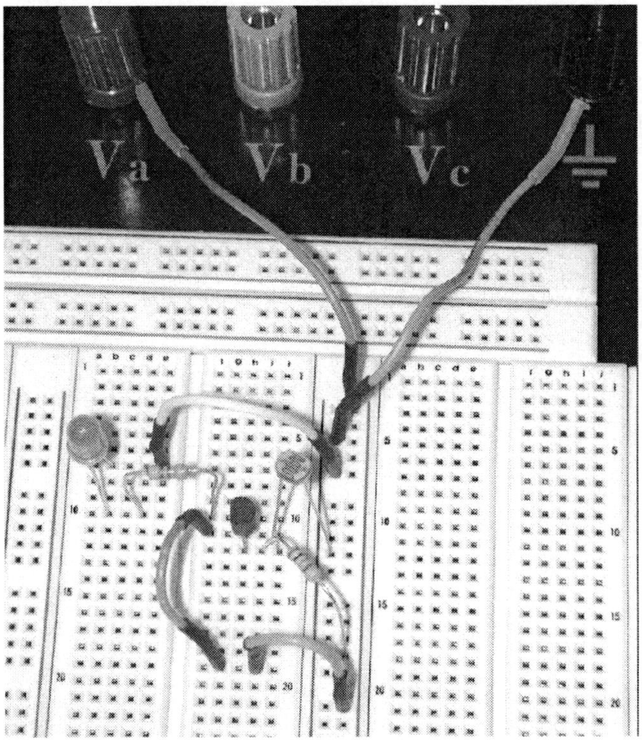

(2) 만능기판

만능기판은 부품을 끼워서 납땜할 수 있도록 동박면이 배치되어 있는데, 뒷면 혹은 양면으로 되어 있다. 용도에 따라 IC기판용, TR용, 커넥터용 기판이 있다.

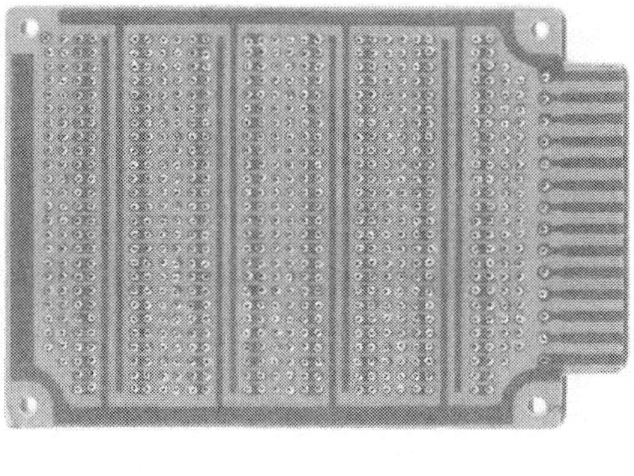

(3) 패턴도

기판위에 부품을 회로도에 따라 용도에 맞게 효과적으로 배치하도록 만든 것이다. 납땜 수와 배선 그리고 교차부분을 가능한 줄여서 오동작과 잡음을 줄일 수 있다.

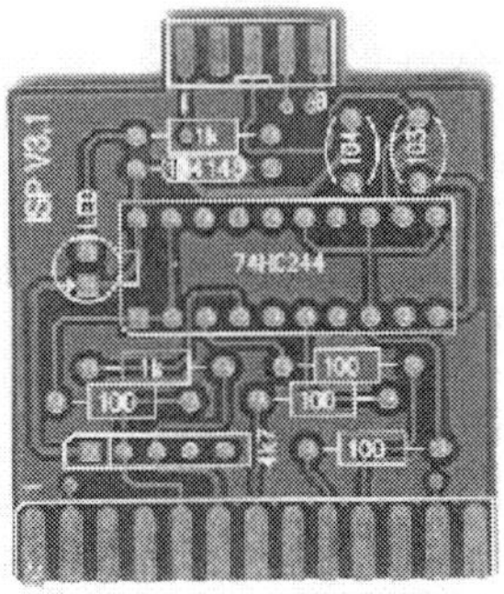

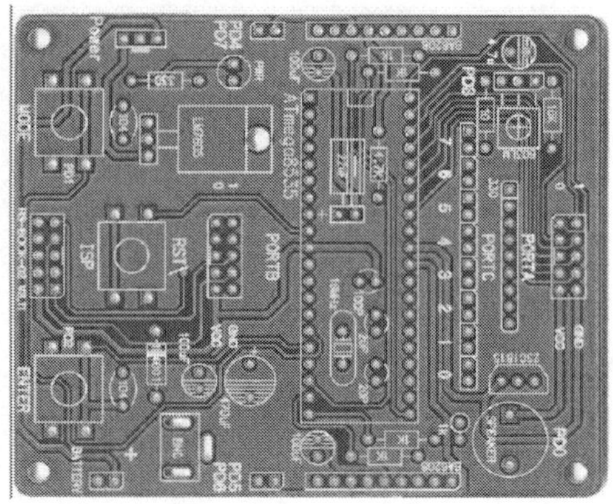

• 다음은 IC기판용에서 부품의 배치를 계획한 배치도이다. 일반용 만능기판에 부품 배치를 하기위해서는 만능기판을 복사기에서 복사해서 연필로 그려 넣으면 된다.

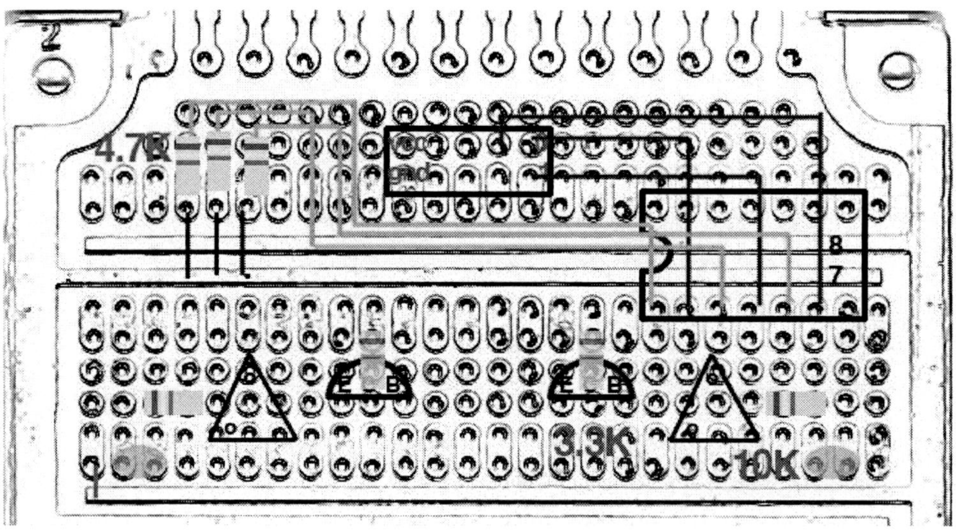

14

오실로스코프 사용법

Digital Circuit Practice

1. 오실로스코프 동작원리

오실로스코프(Oscilloscope)는 전압, 전류의 크기를 파형으로 볼 수 있도록 만들어주는 측정도구로 필수적으로 사용되는 도구이다.

오실로스코프의 구조는 전자총에서 전자가 출발하면, 수평편향판에 인가된 전압에 의해 수평방향으로 전자가 휘게 되고, 수직편향판에 인가된 측정신호의 전압크기에 따라 수직으로 휘게 되어 형광면에 부딪쳐 눈으로 확인할 수 있게 된다. 휘는 양은 인가된 전압의 크기에 비례하게 된다.

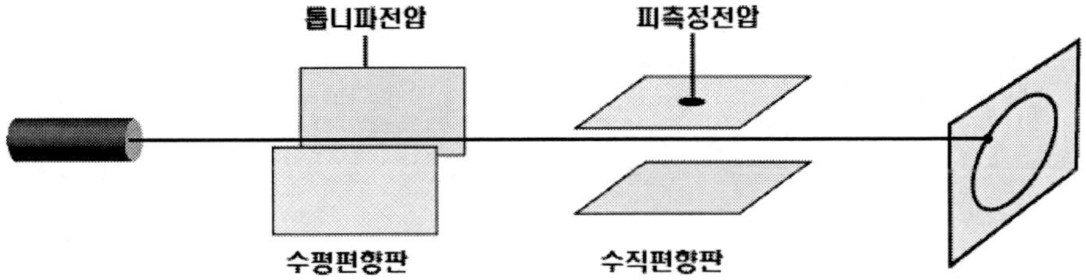

수평편향판에는 톱니파 전압을 인가하여 형광면의 왼쪽에서 오른쪽 끝까지 휘선이 이동하게 되고 다시 왼쪽에서 시작하여 반복하게 된다. 전자가 수평으로 이동하는 동안에 수직편향판에 인가된 측정신호 전압에 비례해서 수직방향으로 이동해서 형광면에 도착하게 된다.

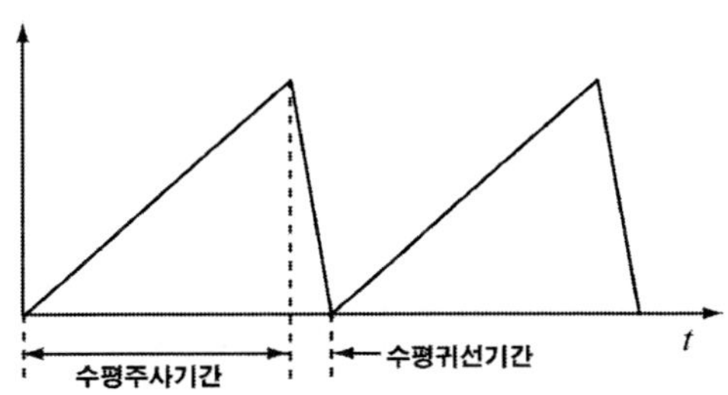

2. 오실로스코프 사용방법

오실로스코프의 사용방법은 제조사와 모델별로 조금의 차이가 있을 수 있으나 기본적인 사용방법은 같다.

■ 전원부

1. POWER : 시계 방향으로 돌리면 ON, 반시계 방향으로 돌리면 OFF된다.

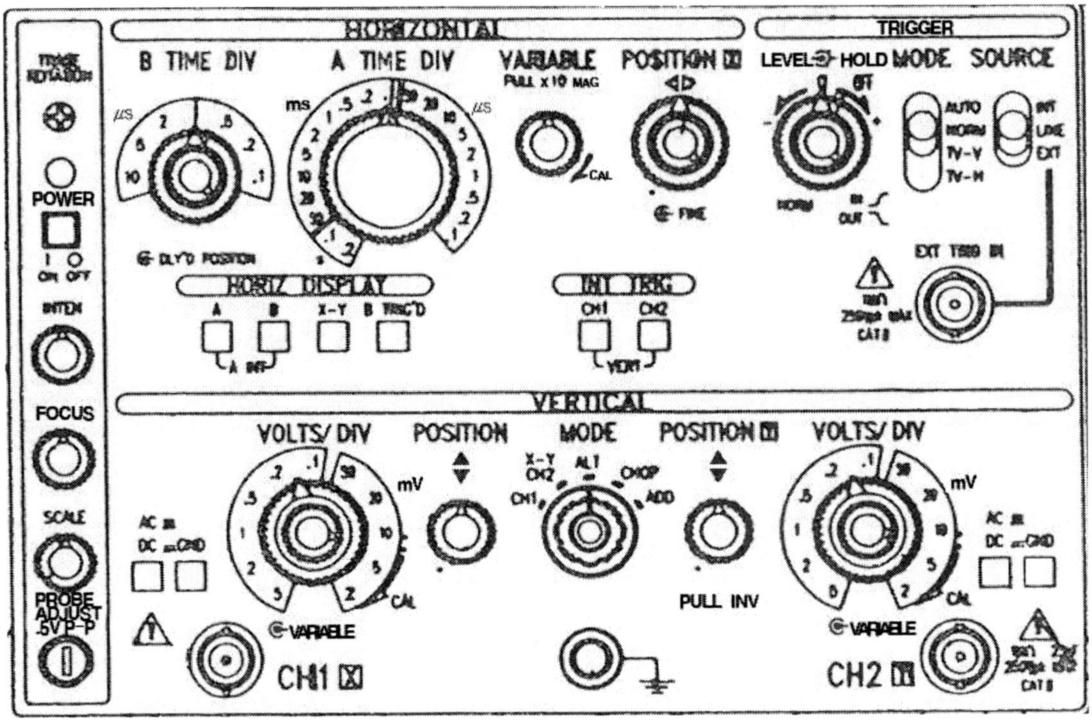

2. 표시등 : 전원의 ON, OFF 여부를 표시한다.

3. Intensity(휘도): 브라운관에 나타난 신호의 밝기 조절

4. Focus(초점조정): 신호의 선명도를 조절

5. Trace Rotation(궤적회전): 라스터의 수평조절용으로 화면이 기울었을 때 균형을 맞추는데 사용한다

■ 수직증폭부

6. CH 1, X IN 콘넥터 : 입력신호를 CH1 증폭부로 연결하거나 X-Y 동작시 X축 신호가 된다.

7. CH 2, Y IN 콘넥터 : 입력신호를 CH2 증폭부로 연결하거나 X-Y 동작시 Y축 신호가 된다.

8. AC/GND/DC 전환스위치

입력신호와 수직증폭단의 연결방법을 선택할 때 사용한다.

AC : 신호의 DC성분을 차단해서 AC성분만 나타난다.

GND : 선택된 채널의 신호에 대한 기준 위치(0V)를 나타낸다.

DC : 신호의 AC, DC성분 모두 측정 가능한 상태로 일반적으로 이 상태로 놓고 측정한다. DC에 실려 있는 AC성분의 파형을 측정할 수 있다.

9. VOLTS/DIV : 화면상의 격자 눈금(division)의 값을 조절.

10. VARIABLE

수직편향 감도 즉 파형의 크기를 연속적으로 증감시킨다. 정확히 측정할 때에는 시계방향으로 끝까지 돌려 잠금 상태로 측정해야 한다.(CAL. 위치)

11. POSITION : 파형의 위치를 위, 아래로 이동시킨다.

12. V.MODE : 수직축의 표시형태 선택

CH1 : CH1에 입력된 신호만 표시

CH2 : CH2에 입력된 신호만 표시

DUAL : CH 1,CH 2 의 파형을 동시에 표시

ADD : CH 1과 CH2의 신호가 더해져서 표시

■ 소인(Sweep)과 동기부

13. TIME/DIV : 화면상의 시간축 눈금 크기의 변경에 사용된다.

14. VARIALBE : 시간을 연속적으로 변화시키는데 사용한다.

15. PULL X10 MAG : 소인시간을 10배로 확대하여 표시한다. 소인시간은 TIME/DIV 지시치의 1/10이 된다.

16. HORIZONTAL POSITION : 파형의 위치를 수평방향으로 이동

17. TRIGGER MODE : 파형의 동기 형태를 선택한다.

AUTO : 소인을 자동으로 발생한다. 동기신호가 있으면 자동으로 파형 정지한다.

NORM : 동기 신호가 없거나 동기가 안되면 소인이 발생되지 않는다.

TV-V : 프레임 단위의 비디오 합성 신호 측정

TV-H : 주사선 단위의 비디오 합성 신호 측정

18. SOURCE

INT : CH1(CH2)에 신호가 있을 때 트리거

LINE : AC전원의 주파수에 동기되는 신호 측정시 사용

EXT : 외부에서 SOURCE를 통해 별도의 동기 신호를 줄 때 사용

19. INT TRIG : CH1(CH2)에 입력된 신호로서 동기 시키고자 할 때 사용

20. HOLD OFF : 소인시간을 늘려 복잡한 고주파, 디지털신호, 불규칙한 신호를 트리거하는데 유효하다. 보통은 반시계방향으로 완전히 돌려서 사용.

21. TRIG LEVEL : 동기신호의 시작점을 선택

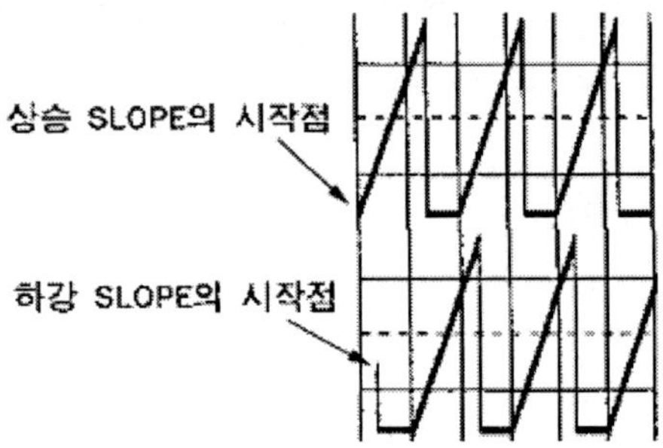

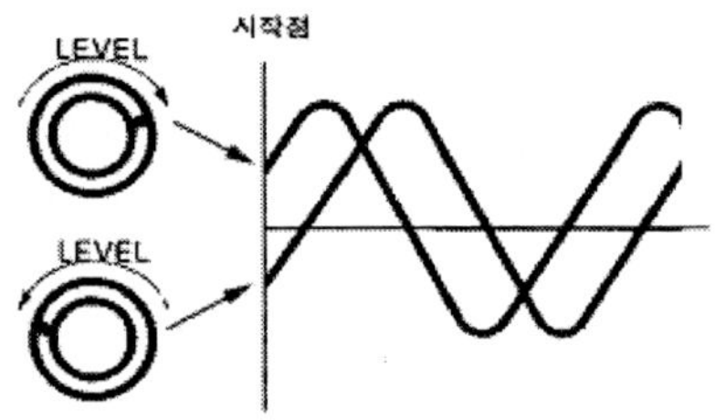

22. SLOPE : 초기 소인의 동기 선택

3. 오실로스코프의 초기 설정

1) 다음과 같이 설정

전원부		수평부	
Power	OFF	Time/Div	0.5ms
Intensity	반시계 방향회전	Time Variable	누르상태에서 완전히 시계방향
Focus	중앙	수평 Position	중앙
수직부		Fine Position	중앙
AC-DC,GND	AC	Trigger부	
Volts/Div	10mV	Trigger Mode	AUTO
수직 Position	누르상태에서 중앙위치	Trigger Source	INT
Variable	누르상태에서 완전히	Hold Off	NORM(최대반시계방향)

	시계방향		
V. MODE	CH1	Trigger Level	중앙
		Slope	+ (누른상태)

2) 오실로스코프에 전원을 넣는다.
3) 휘도(INTENSITY)과 초점(FOCUS)를 조정한다.
4) 휘선이 기울어져 있으면 TRACE ROTATION을 드라이버로 조정한다.
5) CH1 Position을 조정허여 왼쪽 눈금과 일치 시킨다.
6) Trigger Level 손잡이를 사용해서 파형을 정지시킨다.
7) 수평소인(Time/Div) 손잡이를 돌려 파형을 관찰할 수 있도록 설정한다.

4. PROBE

프루브에는 1×(직접연결)와 10×(감쇄)가 있으며 10×는 입력신호가 1/10로 감쇄되므로 측정단위(Volts/div)를 10배 곱해줘야 한다.

프루버의 조정

① 프루브를 CH1에 연결하고 입력결합을 DC로 한다. 프루브의 팁을 프루브 Adjust ⓫에 연결하고 프루브의 감쇄위치는 10×에 둔다. Volts/Div는 10mV에 맞춘다.

② 트리거 레벨을 조정하여 화면을 안정되게 해서 구형파의 파형이 아래와 같을 경우 Trimmer를 작은 드라이버로 조정한다.

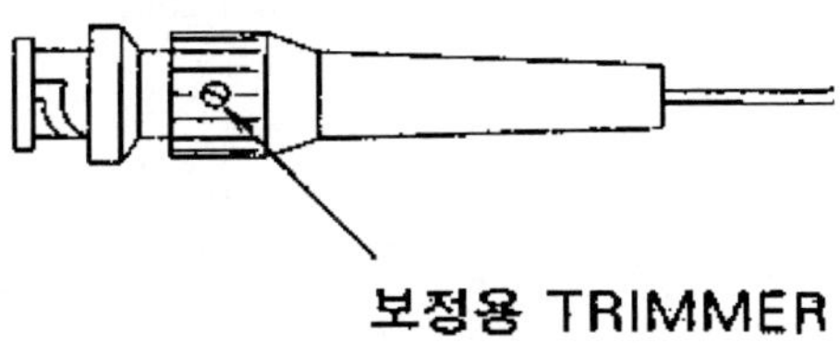

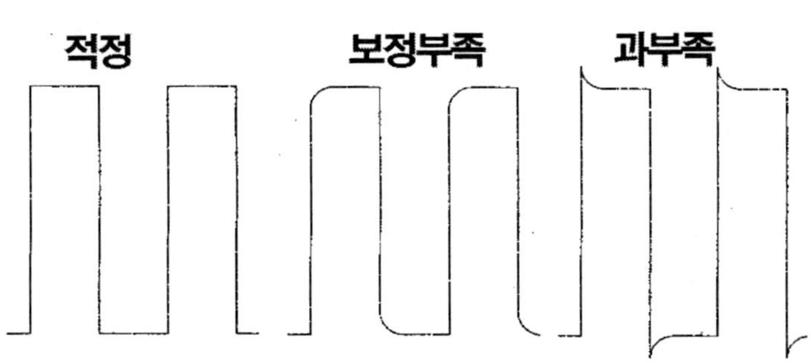

5. 측정 실습

오실로스코프를 사용해서 신호를 측정하거나 보기 위해서는 입력되는 신호를 조절해야한다. 다음은 기본적으로 조절해야 하는 내용이다.

① 신호의 증폭이나 감쇠를 조절해야한다.

입력신호가 지나치게 크거나 작으면 Volts/Div 스위치를 돌려 조절해서 측정가능하도록 한다.

② 시간 축을 조절한다.

입력되는 신호의 주파수가 높거나 낮으면 신호를 측정하기가 어렵게 된다. Time/Div 스위치를 사용해서 화면상 수평축의 각 눈금당 시간을 조정하여 측정에 용이하게 2~4개정도의 파형이 나타나도록 한다.

③ 입력신호와 동기를 설정한다.

입력되는 신호가 오실로스코프 화면에서 멈추지 않고 계속 흐르는 경우에 신호를 안정화시키기 위해 트리거 레벨을 조정한다.

http://cont152.edunet4u.net/~lt15007/sub/main.htm : 오실로스코프사용법 익히기

(1) 직류전압 측정하기 실습

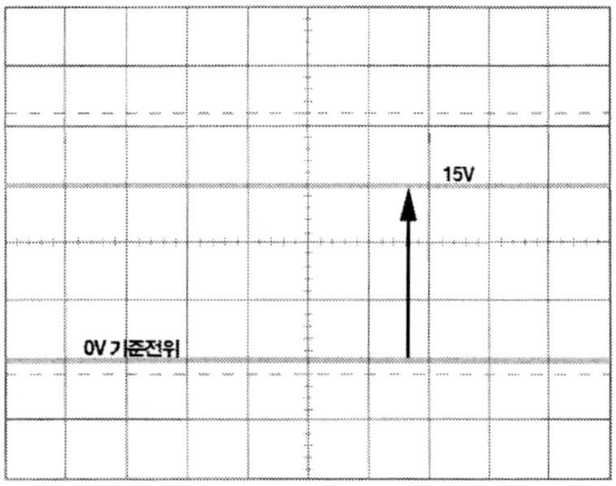

가. 준비물

COMBO TESTER

오실로스코프

건전지

수은전지

나. 오실로스코프를 다음과 같이 설정한다.

① 입력모드: CH1, DC

② 트리거모드: Auto

③ 수직감도: 5 V/Div

④ 수평손잡이: 1 ms/Div

⑤ 기준선: 2칸 높이

⑥ 입력 프루브 배율: × 1

다. 직류전원장치의 출력단자를 프루브에 맞게 연결한다. 집게가 달려있는 것은 0V에 프루브(탐침)는 측정 전압에 연결한다.

라. 수평소인이 기준위치에서 위로 몇칸 올라가 있는 것을 볼 수 있다. 1 수직칸이 5V로 설정했으니 이동한 수직 칸 만큼 계산한다.

2칸 × 5V = 10V가 된다.

마. 만약 수직으로 이동하는 양이 작으면 수직감도 손잡이를 돌려서 수직 이동양이 많아지도록 조절한다.

바. 직류전원장치의 출력 전압을 변화시켜 오실로스코프에서 값을 읽어 기록한다.

DC전압	측정값	DC전압	측정값
1.5V 건전지		DC 전원장치 10V	
DC 전원장치 5V		DC 전원장치 15V	

(2) 교류전압 측정 실습

교류전압 측정시는 항상 감전사고가 발생치 않도록 주의 한다.

가. 준비물

COMBO TESTER
오실로스코프
트랜스포머
브레드보드
다이오드 1N4001
저항 10k

나. 실습회로

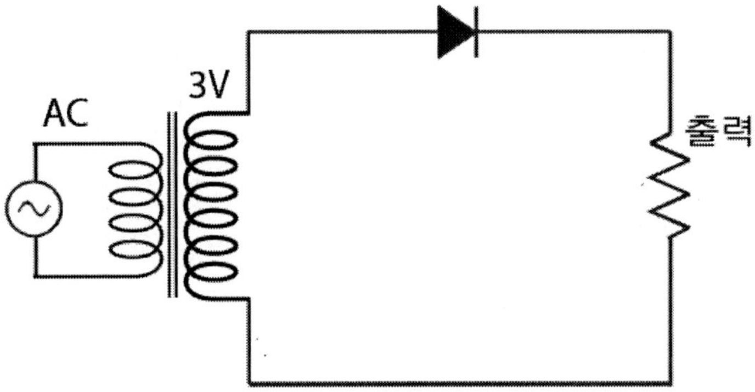

다. 실제 연결회로

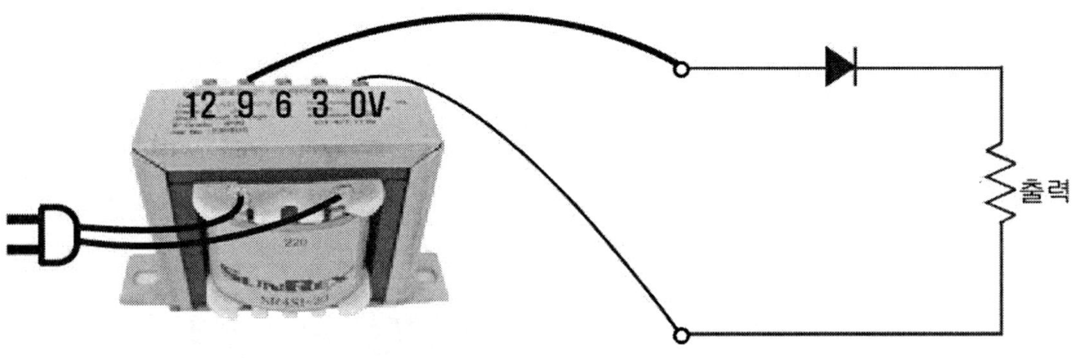

라. 오실로스코프를 다음과 같이 설정한다.

① 입력모드: CH1, AC

② 수직감도: 1V/Div

③ 기준선: 중앙

④ 수평손잡이: 0.5ms/Div

⑤ 입력 프루브 배율: ×1

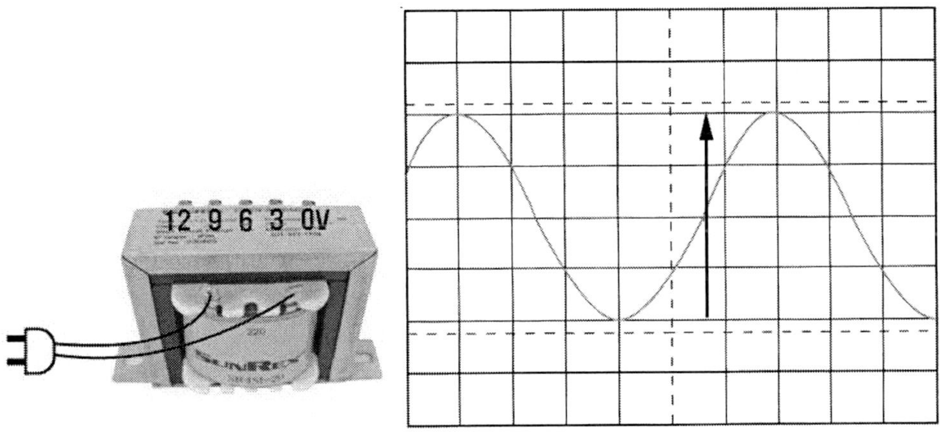

마. 트랜스포머를 220V 전원에 연결한다. 220V는 고압으로 감전사고 주의한다.

바. 트랜스포머의 2차측 출력단자들을 오실로스코프 프루브에 연결한다.

사. 스코프 화면에 반복되는 파형이 2~3개 정도 나오도록 수평 소인시간 손잡이를 조정한다.

아. 파형이 정지하도록 트리거 레벨을 조절한다. 값을 측정하여 기록한다.

트랜스포머 표시전압	Vpp	실효값 계산	트랜스포머 표시전압	Vpp	실효값 계산
3V			6V		

• 교류의 피크(Peak) 전압과 실효전압은 다음과 같다.

VPeak-to-Peak = 두점간의 최대 수직 이동 거리 × 수직감도 × 프루브 감쇠비

Vrms = Vpp / $\sqrt{2}$

자. 저항 양단의 출력을 스코프로 측정하기 위해 프루브를 저항 양단에 맞게 연결한

다.

차. 트랜스포머 2차측의 3V 교류전압 입력 파형과 다이오드를 통해 반파정류된 파형을 오실로스코프에서 측정하고 파형을 정확하게 겹치도록 그리시오.

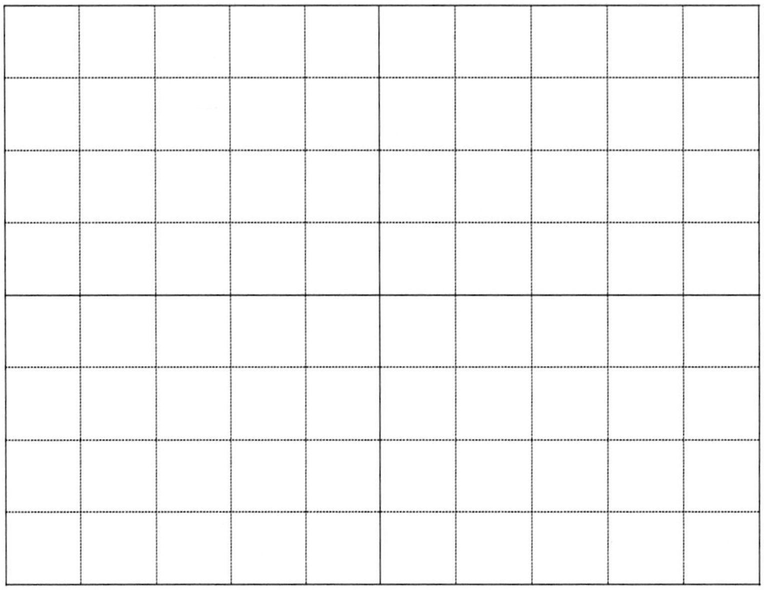

카. 측정된 반파 정류된 값을 기록하시오.

트랜스포머 표시전압	출력파형 최대값	출력파형 최소값	트랜스포머 표시전압	출력파형 최대값	출력파형 최소값
3V			6V		

(3) 주기 및 주파수 측정하기 실습

1) 사인파 교류신호 측정

앞에서 측정한 트랜스포머의 2차측 3V를 측정했을 때의 주파수와 주기를 기록하시오.

• 주기 측정은 반복되는 파형의 수평거리를 계산한다.

주기(T) = 4 DIV × 1ms/DIV = 4 ms

주파수(F) = 1/T = 1/4ms = 0.25KHz 이다.

측정대상	주기(T) 계산식	주기(T)	주파수
교류 3V			

2) 구형파의 주기와 주파수 측정

가. 준비물

COMBO TESTER

오실로스코프

나. 오실로스코프를 다음과 같이 설정한다.

① 입력모드: CH1, DC

② 트리거모드: Auto

③ 수직감도: 1V/Div

④ 수평손잡이: 1ms/Div

⑤ 기준선: 2칸 높이

⑥ 입력 프루브 배율: ×1

다. Function generator에서 구형파를 선택해서 250Hz에 맞춘다.

라. Function generator의 출력과 스코프의 프루브를 연결한다.

마. 주기를 측정하기 위해서 스코프 화면에 반복되는 파형이 2~3개 정도 나오도록 수평 소인시간 손잡이를 조정한다.

바. 파형이 정지하도록 트리거 레벨을 조절한다.

사. 주기와 주파수를 다음과 같이 계산한다.

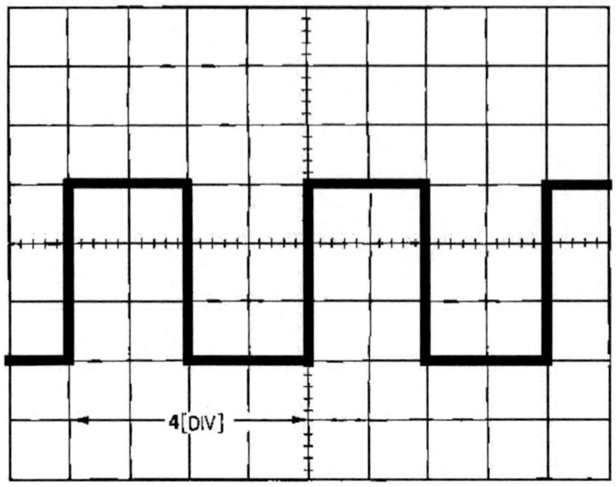

측정대상	주기(T) 계산식	주기(T)	주파수
펑션제네레이터 사인파 1KHz			
펑션제네레이터 삼각파 100KHz			
펑션제네레이터 구형파 1MHz			

(4) 위상차 측정하기 실습

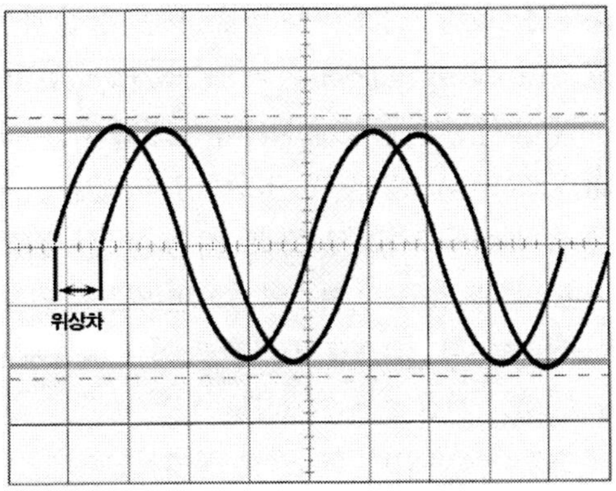

가. 준비물

COMBO TESTER

오실로스코프

트랜스포머

브레드보드

마일러콘덴서 1㎌, 2㎌

저항 3㏀, 9㏀

나. 오실로스코프를 다음과 같이 설정한다.

① 입력모드: X-Y, AC

② 수직모드: ALT 혹은 CHOP

③ 수직감도: 1V/Div

④ 수평손잡이: 1ms/Div

⑤ 입력 프루브 배율: X1

다. 트랜스포머와 브레드보드에 다음의 회로를 구성한다.

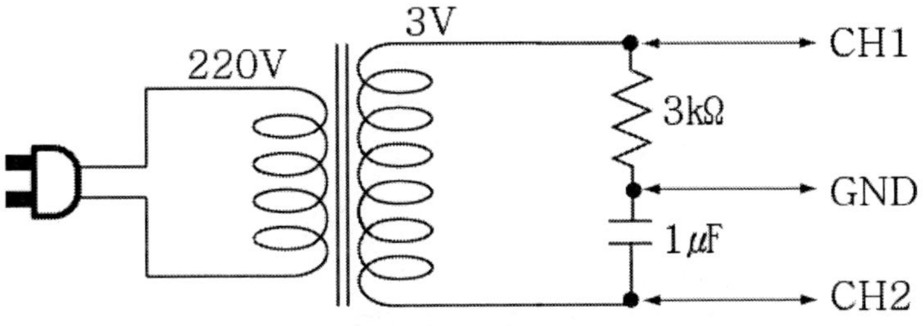

라. 스코프의 프루브를 각각 CH1, CH2, GND 지점에 연결한다.

마. 주기를 측정하기 위해서 스코프 화면에 반복되는 파형이 2~3개 정도 나오도록 수평 소인시간 손잡이를 조정한다.

바. 파형이 정지하도록 트리거 레벨을 조절한다.

사. 두 파형의 시작점 사이의 수평거리가 바로 위상차가 된다.

예를 들면, 그림에서 보이는 위상차는 4칸이다. 1주기에 21칸이 사용되었다면

1칸은 360도 / 21 = 17.14도이다.

따라서 17.14도 × 4칸 = 68.57도가 된다. 위상차는 68도 정도 되는 것이다.

아. 두 지점의 파형을 다음에 그리시오.

자. 계산한 값을 기록하시오.

R 저항	C 용량	수평거리	위상차	비고
3kΩ	1μF	ms		
9kΩ	2μF			

참고문헌

1. 디지털 회로 실기, 이덕용, 한국산업인력공단
2. 디지털회로실험, 박지연외 3, 진영사
3. 기초전기전자, 백승수, 오성미디어
4. 알기쉬운 디지털IC, 김상진외1, 북스힐
5. 기초전기전자+전자회로실습, 박종화외5, 복두

디지털 회로 실습

2009년 8월 17일 인쇄
2009년 8월 20일 발행
저 자 백 승 수 저
펴낸이 오 성 걸
펴낸곳 오성미디어
주 소 132-916 서울시 도봉구 창 3동 491-1
전 화 02) 997-0136
FAX 02) 997-0137
등 록 2000. 5. 12 제 7-212 호

ISBN 978-89-92583-62-6 값 13,000원